Harikanth Porika
R.M. Vijayakumar Soorianathasundaram

Padronização da severidade da poda em uvas cv. Red Globe

Harikanth Porika
R.M. Vijayakumar Soorianathasundaram

Padronização da severidade da poda em uvas cv. Red Globe

ScienciaScripts

Imprint

Any brand names and product names mentioned in this book are subject to trademark, brand or patent protection and are trademarks or registered trademarks of their respective holders. The use of brand names, product names, common names, trade names, product descriptions etc. even without a particular marking in this work is in no way to be construed to mean that such names may be regarded as unrestricted in respect of trademark and brand protection legislation and could thus be used by anyone.

Cover image: www.ingimage.com

This book is a translation from the original published under ISBN 978-620-2-02767-0.

Publisher:
Sciencia Scripts
is a trademark of
Dodo Books Indian Ocean Ltd. and OmniScriptum S.R.L publishing group

120 High Road, East Finchley, London, N2 9ED, United Kingdom
Str. Armeneasca 28/1, office 1, Chisinau MD-2012, Republic of Moldova, Europe
Printed at: see last page
ISBN: 978-620-8-09459-1

PADRONIZAÇÃO DA SEVERIDADE DA PODA E EFEITO DAS ÉPOCAS NO CRESCIMENTO, RENDIMENTO E QUALIDADE DAS UVAS

(*Vitis vinifera* L.) cv. RED GLOBE

Harikanth Porika, *R.M. Vijay Kumar e Soorianathasundaram*
Departamento de Fruticultura
Universidade Agrícola de Tamil Nadu, Coimbatore - 641 003, Índia
**Correio eletrónico: harikanthporika@gmail.com*

Carinhosamente dedicado ao meu pai

Conteúdo

1. INTRODUÇÃO

A uva (*Vitis vinifera* L.) é considerada uma das mais importantes culturas frutícolas comerciais das regiões temperadas. No entanto, também é cultivada com sucesso nas regiões tropicais e subtropicais do mundo como cultura frutícola comercial. A cultura da uva na Índia assume grande importância devido à sua elevada produtividade (21,80 MT/ha), em comparação com muitos outros países produtores de uva. Um rendimento recorde de 150 toneladas por hectare foi colhido em Hyderabad com a cultivar Anab-e-Shahi, que foi designada como maravilha biológica por Olmo (1970).

Atualmente, a cultura da uva na Índia é praticada comercialmente numa vasta gama de condições edafoclimáticas. Trata-se de uma das empresas agrícolas mais remuneradoras que suscitou o interesse dos produtores indianos. A área cultivada com uvas nas últimas três décadas está a aumentar constantemente com a introdução de variedades exóticas. Atualmente, na Índia, a uva é cultivada numa área de 1,18 lakh ha, com uma produção anual de 25,85 lakh toneladas (NHB, 2015-16). Os principais estados produtores de uva da Índia são Maharashtra, Karnataka, Andhra Pradesh e Tamil Nadu.

Em Tamil Nadu, as uvas são cultivadas numa área de 2 900 hectares, com uma produção de 55 100 toneladas métricas e uma produtividade de 19,01 toneladas/ha. Cerca de 90% da área de cultivo de uvas em Tamil Nadu é dominada pela variedade Muscat. Os restantes 10% são ocupados por outras variedades, nomeadamente a cv. Thompson Seedless. Recentemente, a exótica cv. Red Globe, introduzida pela Universidade da Califórnia, EUA, que é popular na Austrália, na China e noutros países produtores de uvas, está também a ganhar lentamente importância na Índia entre os produtores de uvas. A preferência dos consumidores por esta variedade exótica é também muito elevada.

As vinhas desta cultivar têm um vigor moderado, mas tendem a produzir um maior número de cachos com tamanhos variáveis. Por conseguinte, é necessário manter um tamanho ótimo da copa e um número de cachos por videira para obter uma melhor qualidade dos frutos, o que exige um equilíbrio adequado entre vigor e capacidade.

Entre as diferentes práticas culturais, a poda reveste-se de grande importância, pois ajuda a controlar o crescimento, a carga de colheita e também a qualidade dos cachos (Reddy e Prakash, 1990). Além disso, em Tamil Nadu, as uvas são podadas duas vezes por ano para se obter uma colheita de verão e uma colheita na estação das chuvas, não se conhecendo a adaptabilidade desta nova introdução.

Os produtores adoptam um nível de poda de 4-5 gomos por cana para a poda de todas as canas maduras da cv. Muscat, o que resulta numa maior exploração do material alimentar reservado, conduzindo a uma perda de vigor, de qualidade e ao aparecimento precoce de senilidade nas videiras. Já na cv. Red Globe o nível de poda era desconhecido.

Neste contexto, foi realizada uma experiência na cv. 'Red Globe' com os seguintes objectivos

1. Determinar o efeito dos níveis de poda no rendimento e na qualidade das uvas cv. 'Red Globe'

2. Estudar a influência das épocas de poda no rendimento e na qualidade.

2. REVISÃO DA LITERATURA

A cultura da uva é laboriosa e sensível ao clima. A poda, *ou seja,* a remoção do crescimento indesejado, é vital para a viticultura. Caso contrário, o crescimento vegetativo tende a ser descontrolado, o que conduz a uma frutificação muito fraca. A frutificação de qualquer variedade é de importância considerável na viticultura, pois tem uma relação direta com a produtividade da vinha (Reddy e Prakash, 1990). Um aumento da severidade da poda aumenta o vigor de um rebento individual em detrimento do crescimento total e da colheita (Winkler *et al.*, 1974; Weaver., 1976 e Celik *et al.*, 1998).

A poda das videiras para obter uma colheita óptima de acordo com o vigor é o método mais fiável para manter o equilíbrio entre crescimento e produção. A videira deve ter um número moderado de canas, a fim de manter um vigor uniforme ao longo de toda a sua vida. O equilíbrio entre a copa, o vigor e a produtividade pode ser efectuado através de níveis de poda. Eynard e Gay (1992) sugeriram que o equilíbrio entre a carga vegetal e o desenvolvimento vegetativo é importante para a qualidade dos frutos. Assim, considera-se necessário estudar o efeito de diferentes níveis de poda em uvas. No texto que se segue, o efeito da época e da intensidade da poda sobre os caracteres vegetativos, o estado da cultura, a qualidade e o estado dos nutrientes é analisado em capítulos e subtítulos apropriados.

2.1. Efeito do nível de poda nos caracteres vegetativos

O nível de gemas numa videira tem um efeito definitivo na brotação de gemas. Balakrishnan e Rao (1963) opinaram que, o nível ótimo de poda seria de quatro gomos por cana para a cv. Bangalore Blue, oito gomos para a variedade Khandari e 12 a 14 gomos para a cv. Muscat. Chadha e Kumar (1970) relataram que os botões terminais eram mais frutíferos do que os dorsais e o maior número de inflorescências foi observado em 4th a 6th nós. Dass e Melanta (1972) na cv. Anab-e-Shahi observaram que os rebentos mais produtivos foram observados em videiras podadas com cinco gomos por cana, em comparação com sete gomos por cana. Abramov (1973) registou uma melhor qualidade dos frutos e um melhor vinho obtidos de videiras Mal'bek em que foram deixados 12-14 gomos após a poda do que naquelas em que foram deixados 8-10 gomos por rebento.

Singhrot *et al.* (1977) observaram que na cv. Thompson Seedless com o aumento da carga de gemas por cana, o vigor do rebento individual diminuiu. Reynolds *et al.* (1986) registaram o efeito da redução da densidade de rebentos na cv. Seyval Blanc. Observaram que a redução da densidade de rebentos conduziu a um aumento da maturidade da cana, à exposição dos cachos, a uma melhor composição dos frutos e a um maior peso dos bagos. Clingeleffer e Karke (1992) observaram, em 'Cabernet Franc', uma redução do comprimento da cana com diferentes métodos de poda. Foi registado que o comprimento da cana foi maior (4,88 cm) na poda em espigão, enquanto que foi menor (2,74 cm) na poda mecânica.

Christensen *et al.* (1994) referiram que níveis de poda mais elevados resultaram em mais rebentos e inflorescências, mas reduziram a percentagem de rebentação de gemas em números de nós mais elevados, com uma tendência para bagas mais pequenas com menos sólidos solúveis. Sommer *et al.* (1995) examinaram que a poda mínima tinha um efeito de atrofiamento no crescimento, resultando em rebentos mais curtos, entrenós mais curtos e folhas mais pequenas do que a poda em cana. Ibrahim *et al.* (1996) afirmaram que o aumento do comprimento da cana provocou uma diminuição do teor de sólidos solúveis totais e um aumento da acidez titulável, enquanto o aumento do diâmetro da cana provocou um aumento dos SST e uma redução da acidez titulável nos bagos. Concluiu-se que a manutenção de 12 gomos por cana com 15-17 mm de diâmetro resultou num rendimento elevado e nas melhores propriedades físicas, mecânicas e químicas dos frutos. Sehrawat *et al.* (1998) referiram que o número de cachos por videira, o peso dos cachos e o rendimento aumentavam com o aumento do número de gomos por cana, enquanto os sólidos solúveis totais aumentavam com a severidade da poda.

Foi registado na cv. Merlot que, quando as videiras foram podadas com dois a nove gomos por cana, a fecundidade máxima dos gomos em termos de cachos por videira foi mais elevada com a manutenção de cinco gomos/cana. No entanto, na casta Sauvignon Blanc, o tratamento com quatro gomos/cana e o tratamento com seis gomos/cana registou um maior número de cachos/vinha (Anon., 2006). Somkuwar e Ramteke (2008) registaram uma fecundidade máxima na copa posicionada verticalmente e a zona mais frutífera foi observada com 5th a 7th gomos na cultivar Thompson Seedless. Kohale *et al.* (2013) observaram na cv. Sharad Seedless que o efeito do tempo e da intensidade da poda teve um efeito significativo no comprimento da cana.

2.2. Efeito do nível de poda no peso do material podado

Joon e Singh (1983), em uvas cv. Delight, mantiveram 40 canas/vinha e observaram que o peso do material podado por videira era maior (5,5 kg) na poda ao nível dos 2 gomos do que na poda ao nível dos 6 gomos (2,43 kg). Morris *et al.* (1984) observaram diferenças não significativas entre a poda de esporão de dois nós e a poda de esporão de quatro nós no rendimento e no peso da poda na cultivar de uva híbrida franco-americana. Morris *et al.* (1985) registaram, em uvas 'Niagra', uma redução do peso da poda devido à diminuição da severidade da poda e observaram que o aumento do número de nós por cana (3 a 9) resultou numa diminuição do peso da poda por videira (1,53 kg para 1,12 kg). Smith (1996) avaliou onze clones de 'Chardonnay' e concluiu que os clones de alto rendimento tinham grandes pesos de poda, rendimento e relação poda/peso. Kilby (1999) observou que em 'Merlot' a poda de esporão com 2 gomos produziu mais peso de poda (246 g/vinha) do que a poda de esporão com 4 gomos (218 g/vinha).

Lopes *et al.* (2000) referiram que na cv. Cabernet Sauvignon, a poda em sebe resultou num peso de poda menor (0,73 kg/vinha) em comparação com a poda em espigão (0,96 kg/vinha). Velu (2001) observou que em 'Muscat' a poda severa, *isto é*, a poda de 67% das canas até ao nível de 5 gomos e 33% até ao nível de 2 gomos, registou o peso máximo de poda (1,19 kg/vinha) em ambas as estações (verão e inverno). Kadu *et al.* (2004) avaliaram o vigor da videira de quinze castas de uva de vinho através do peso da poda por videira e do número de canas por videira. Chalak (2008) observou que o peso máximo da poda (887,42 g) foi registado em 4 gomos/cana. Enquanto que o mínimo (525,43 g) foi registado em 12 gomos/cana, o que foi óbvio para receber o aumento do peso da poda e a diminuição do comprimento da cana na poda de alta intensidade.

2.3. Efeito do nível de poda na brotação dos gomos

A carga de gemas numa videira tem um efeito definitivo na brotação de gemas. Daniel e Rao (1969) observaram um ligeiro atraso de 3 a 4 dias na brotação dos gomos na poda menos severa (nível de 7 nós) em comparação com a poda mais severa (nível de 1 nó) na cv. Anab-e-Shahi. Chadha e Kumar (1970) registaram que não houve diferença significativa na altura do abrolhamento em resultado de vários níveis de poda em uvas 'Perlette'. Singhrot *et al.* (1977) registaram que na cv. Thompson Seedless, com um aumento no número de gomos/cana (4 a 8), houve uma diminuição na percentagem de gomos germinados (67,08 a 55,75%) e um aumento na percentagem de gomos frutíferos (33,52 a 42,34 %) quando foi calculado em relação ao total de gomos germinados. Godara *et al.* (1977) referiram que as videiras severamente podadas levavam menos dias para a brotação dos gomos e para a floração do que as levemente podadas em uvas 'Beauty Seedless'.

Kumar e Tomer (1978) registaram uma dominância apical na uva 'Himrod' devido à poda. Foi observado por eles que, no nível de poda de 6 gomos/cana, o sexto e o quinto gomos deram 100% e 97,50% de brotação, respetivamente. No entanto, na quarta e terceira gemas foi de apenas 35% e 7,5%, respetivamente. Christensen (1986) observou a dominância apical na emergência de gemas na cv. Thompson Seedless e examinou gemas da posição um a doze e afirmou que as gemas apicais brotaram melhor do que as gemas basais. Foi relatado que, o décimo segundo botão deu 100% de brotação enquanto o primeiro botão deu apenas 20% de brotação.

Palma *et al.* (2000) relataram que uma maior carga de gemas por videira atrasou a brotação das gemas em comparação com o tratamento com menor carga de gemas na cv. Victoria. No entanto, Chadha e Mand (1969) observaram que o momento do abrolhamento não foi afetado pela severidade da poda nas uvas 'Anab-e-Shahi'. Velu (2001) referiu que, na casta 'Muscat', o nível de poda severo (poda de 67% das canas até ao nível de 5 gomos e de 33% até ao nível de 2 gomos), foi menor o número de dias (40,06 dias) necessários para o abrolhamento. Schalkwyk e Archer (2008) relataram que, na cv. Cabernet Sauvignon com o aumento de gemas por videira (24 a 27), houve uma diminuição de gemas brotadas (100 a 47%). Chalak (2008) observou que a percentagem de gemas brotadas diminuiu com a intensidade da poda. A brotação máxima de gemas (38,79%) foi registada em 4 gemas por cana e foi mínima (23,20%) em 12 gemas/cana. Kohale *et al.* (2013) afirmaram que na cv. Sharad Seedless, a poda em 4 gomos por cana teve a percentagem máxima de brotação de gomos. Também relataram que a produção de panículas na cana foi máxima com a manutenção de 6 gemas por cana. Eles também observaram que no nível de 8 gemas/cana o número de dias para a brotação de gemas (11,56 dias) foi maior em comparação com o nível de 6 gemas/cana (10,37 dias) e 4 gemas por cana (9,00 dias).

2.4. Efeito do nível de poda na área foliar

Mohanakumaran (1963) estudou três variedades de uva, *nomeadamente* Bangalore Blue, Khandari e Muscat, para avaliar a influência da área foliar e concluiu que, até um certo ponto, se registava um aumento do peso e da qualidade dos bagos. Mohanakumaran *et al.* (1964) referiram que existia uma correlação positiva e significativa entre a área foliar da videira e o peso dos cachos, enquanto não se observava qualquer correlação entre a área foliar e o número de cachos. Buttrose (1966) relatou que a área foliar mínima para o crescimento dos órgãos aéreos foi estimada em 1500 cm^2 (12 folhas), mas no campo, onde os cachos têm mais bagas, seria necessária uma área foliar maior. Edson *et al.* (1993) afirmaram que o aumento da carga vegetal por videira reduziu a área foliar total nas videiras de uva 'Seyval'. Koblet *et al.* (1994) referiram que o rendimento total e o rendimento de frutos sãos diminuíam à medida que a área foliar diminuía. Koblet *et al.* (1995) registaram que cada 1 g de uvas produzidas exigia uma área foliar de 16-26 cm^2 . Zamboni *et al.* (1997) afirmaram que as videiras com um elevado número de nós desenvolviam uma maior área foliar total em comparação com as que tinham um menor número de nós, mas tinham a mesma 'área foliar total/relação de produção de frutos'. Gicheol e Chool (1999) referiram que a área foliar tendia a ser menor em canas podadas menos severamente em *Vitis labrusca* B. cv. Kyoho. Lopes *et al.* (2000) observaram que uma maior carga de cultura por videira reduziu a área foliar em videiras de 'Cabernet Sauvignon'. Velu (2001), em 'Muscat', observou a área foliar máxima (114,14 cm^2) no estádio de 10th folhas em níveis de poda *como, por exemplo,* a poda de 67% das canas ao nível do 5 gomo e 33% ao nível do 2 gomo. Chougule (2004) relatou que em 'Thompson Seedless', a área foliar máxima (241,75 cm^2) foi obtida com uma densidade de cana de 30 por videira, enquanto a área foliar mínima (136,17 cm^2) foi observada com uma densidade de 40 canas por videira. Cangi e Kilic (2011) referiram que a área foliar média diminuiu com o aumento das doses de azoto e dos níveis de carga de rebentos.

2.5. Efeito do nível de poda no crescimento dos rebentos

Lomkatsi (1971) verificou que, quando o comprimento e o diâmetro dos rebentos eram 40-50% superiores em 'Seperavi' e 'Rkatsiteli', os rendimentos eram 10 e 15% superiores, respetivamente. Devido ao fenómeno da dominância apical nas videiras, independentemente do número de nós deixados numa cana, apenas um a dois nós produzem um crescimento efetivo de rebentos. A carga de gomos de uma videira tem uma influência determinante no crescimento dos rebentos. As videiras severamente podadas tiveram um maior crescimento vegetativo em comparação com as videiras ligeiramente podadas na cv. Bangalore Purple (Shinde e Rane, 1979). Edson *et al.* (1993) observaram que o aumento da carga vegetal por videira diminuía o crescimento dos rebentos em videiras 'Seyval'. Salem *et al.* (1997) referiram que o aumento da carga de gomos por videira diminuiu o crescimento dos rebentos na cv. Kings Ruby e cv. Thompson Seedless.

Lopes *et al.* (2000) observaram que a maior carga de cultura por videira reduziu o crescimento dos rebentos na cv. Cabernet Sauvignon. No entanto, Reddy (1982) observou o crescimento máximo de rebentos no nível de 8 gomos seguido do nível de 6 gomos na cv. Anab-e-Shahi. Velu (2001) revelou que, em 'Muscat', quanto mais severo foi o nível de poda (poda de 67% das canas ao nível de 5 gomos e 33% ao nível de 2 gomos), maior foi o crescimento de rebentos (63,22 cm) obtido.

2.6. Efeito do nível de poda no diâmetro da cana

Ghugare e Mukherjee (1967) observaram em "Pusa Seedless" uma correlação positiva entre o diâmetro da cana e o número de cachos e o peso dos frutos produzidos por cana. Hulamani *et al.* (1967) observaram que o tamanho do cacho e a espessura da baga e também o rendimento líquido variavam diretamente com a espessura do esporão. Rangareddy (1996) registou uma correlação positiva entre a espessura da cana e a produtividade na cv. Anab-e-Shahi. Foi registada uma maior produtividade em canas com mais de 10 mm de diâmetro. Hulamani *et al.* (1967) registaram um aumento da frutificação com o aumento da espessura da cana na cv. Bhokri. Foi relatado que os botões distais (7-8) eram mais frutíferos em comparação com os botões basais (3-4). Bindra (1977) revelou que na uva 'Perlette' as canas com espessura entre 9 e 11 mm eram as mais produtivas. Chougule (2004) observou que o diâmetro máximo da cana (10,52 mm) foi registado numa densidade de 30 canas por videira na cv. Thompson Seedless, enquanto o diâmetro mínimo da cana (6,65 mm) foi registado numa densidade de 40 canas por videira. Somkuwar e Ramteke (2006) observaram que o aumento do número de cachos resultou numa redução do diâmetro do rebento. Chalak (2008) afirmou que o diâmetro da cana diminuía à medida que a intensidade da poda diminuía na cv. Tas-A-Ganesh. Foi o máximo (7,99 mm) em 4 gomos por cana e o mínimo (5,10 mm) em 12 gomos por cana.

2.7. Efeito da severidade da poda no comprimento internodal

De acordo com Shikhamany (1983), o vigor da videira tem sido um importante atributo de crescimento para distinguir diferentes variedades de uva. Pode ser avaliado com base no peso da poda, no comprimento da cana, no comprimento do entrenó, no diâmetro da cana e no número de canas por videira. Chalak (2008) referiu que o comprimento internodal máximo (3,48 cm) foi registado em 12 gomos/cana, enquanto que o mínimo (3,22 cm) foi registado em 4 gomos/cana, que foi igual a 6 gomos/cana (3,24 cm).

2.8. Efeito da severidade da poda no estado nutricional do pecíolo

Christensen *et al.* (1978) afirmaram que os teores foliares de nutrientes no estádio de pintor variavam de 2,2 a 4,0 % para o azoto, 0,15 a 0,30 % para o fósforo e 0,8 a 1,6 % para o potássio. Ahlawat e Yamdagni (1991) observaram uma diminuição significativa dos teores de azoto, fósforo e potássio no pecíolo com o avanço dos estádios de desenvolvimento dos bagos. Arora *et al.* (1991) afirmaram que os teores de azoto, fósforo e potássio no pecíolo eram menores na fase de maturação dos bagos do que na fase de plena floração das uvas 'Punjab'. Jeet Ram *et al.* (1993) referiram que uma maior carga de gomos por videira (100 canas por videira) reduziu o teor de nutrientes no pecíolo em comparação com uma menor carga de gomos (50 canas por videira). Observaram que os teores de azoto, fósforo e potássio no pecíolo eram mais baixos nas videiras com maior carga de gomos em uvas 'Perlette'. Xuan Nan (1996) verificou que a lâmina continha mais azoto e menos potássio do que o pecíolo, enquanto o fósforo era significativamente mais elevado no pecíolo do que na lâmina. Mc. Artney e Ferree (1999) observaram que o azoto do pecíolo estava negativamente relacionado com o número de rebentos por videira.

Uma videira produtiva remove uma quantidade substancial de nutrientes do solo através dos frutos e da madeira de poda. As videiras de 'Anab-e-Shahi', que produzem 25 toneladas/ha de colheita anual, removem 97,97 kg de azoto, 15,59 kg de fósforo e 55,59 kg de potássio através dos frutos e das canas podadas duas vezes por ano em condições de Bangalore (Chadha, 1984). As vinhas altamente produtivas caracterizam-se por um teor relativamente elevado de potássio nos rebentos e nos pecíolos das folhas e um teor elevado de azoto nas lâminas (Biblina, 1968). Um teor elevado de potássio aumenta o diâmetro da cana e o vigor da planta (Bouard, 1968). O potássio também aumenta o teor de açúcar e de ácido nas uvas e melhora o rendimento.

Velu (2001) verificou que as videiras 'Muscat' severamente podadas, *isto é*, podando 67% das canas até ao nível dos 5 gomos e 33% até ao nível dos 2 gomos, apresentavam um melhor estado nutricional no solo no que diz respeito ao azoto, fósforo e potássio, quando comparadas com videiras menos severamente podadas. Também foi relatado o estado dos nutrientes no pecíolo, dizendo que o máximo de azoto no pecíolo (2,038%), fósforo (0,742%) e potássio (2,859%) foi observado no nível de poda, *isto é*, podando 67% das canas ao nível de 5 gomos e 33% ao nível de 2 gomos. Chougule (2004) relatou que o teor máximo de azoto no pecíolo (2,24%), o teor de fósforo (1,04%) e o teor de potássio (3,00%) foram registados com uma densidade de cana de 35 por videira na cv. Thompson Seedless, enquanto o teor mínimo de azoto no pecíolo (0,69%), o teor de fósforo (0,36%) e o teor de potássio (1,34%) foram registados com uma densidade de cana de 30 por videira.

2.9. Efeito da severidade da poda nos parâmetros fisiológicos

2.10. Efeito do nível de poda no teor de clorofila

Slavtcheva *et al.* (1997) observaram correlações positivas entre o rendimento por videira e a taxa fotossintética e a área foliar por videira. Velu (2001) observou que o teor máximo de clorofila (2,699 mg/g) foi registado a um nível de poda de 67% das canas ao nível de 5 gomos e 33% das canas ao nível de 2 gomos. Kumar (1999) relatou que na cv. Bangalore Blue o conteúdo total de clorofila durante o verão foi significativamente maior do que durante o inverno. Satisha *et al.* (2000) revelaram uma correlação positiva entre o rendimento por videira e a taxa fotossintética e a área foliar por videira. O diâmetro dos bagos era máximo quando restavam quinze folhas por cana.

2.11. Efeito da severidade da poda nos parâmetros de rendimento

2.12. Efeito da poda nas caraterísticas do cacho

Singhrot *et al.* (1977) referiram que na cv. Thompson Seedless, quando as videiras foram podadas para 4, 6, 8 e 10 gomos/cana, mantendo 16 canas/vinha, o número máximo de cachos (30,67) foi registado no nível de 10 gomos/cana, enquanto o número mínimo de cachos (16,33) foi observado em 4 gomos/cana. Kumar e Tomer (1978) mantiveram 60 gomos em cada videira na uva 'Himrod' e revelaram que, 5 gomos com poda de 12 canas deram um peso máximo de cacho (237,69 g) em comparação com 6 gomos com 10 canas (204,50 g). Joon e Singh (1983) observaram uma redução no peso do cacho devido aos níveis de poda na uva 'Delight'. Foi registado que o esporão de 2 gomos deu mais peso ao cacho (368,33 g) em comparação com o esporão de 6 gomos (352,0 g). Clingeleffer (1989) observou em 'Cabernet Sauvignon' que o número de cachos/enxertos não diferiu significativamente entre os níveis de 2nd , 3rd , 4th e 6th nós, mas aumentou significativamente para 10th e 14th nós. O número máximo de cachos/parte aérea (15) foi registado na posição de 10th botões, seguido da posição de 14th botões (11). Avenant (1998) revelou que na cv. Festival Seedless, o número médio de cachos/vinha aumentou linearmente de 8,92 para 22,50 à medida que a densidade da cana aumentou de 4 para 12 canas com 14 gemas em cada cana.

Lopes *et al.* (2000) registaram que na cv. Cabernet Sauvignon, a poda mecânica produziu um maior número de cachos/vinha (60,30) em comparação com a poda manual (28,93). Velu (2001) observou que na cv. Muscat, o número máximo de cachos/vinha (25,38) foi obtido na poda de todas as canas até ao nível de 5 gomos. Savic e Petranovic (2004) registaram um aumento do número de cachos/vinha de 15,58 para 21,46 com o aumento da carga de gomos de 12 para 24 gomos/vinha na uva 'Grenache'. Main e Morris (2008) revelaram que, nas uvas 'Cynthiana', as videiras podadas mecanicamente produziram mais 38% de cachos do que as podadas à mão. Chougule (2004) observou que na cv. Thompson Seedless, o maior número de cachos por videira (48,00) foi registado com uma densidade de cana de 40 por videira e o menor número de cachos por videira (28,75) foi observado com uma densidade de cana de 30 por videira. Somkuwar e Ramteke (2006) referiram que, para produzir uvas de qualidade, é necessário um controlo cuidadoso do tamanho da cultura para equilibrar a quantidade de frutos e o crescimento vegetativo, a qualidade dos frutos e o crescimento adequado da videira para uma produtividade consistente. A produção excessiva de frutos leva a uma má qualidade dos frutos e a um crescimento vegetativo reduzido, o que resulta num rendimento fraco nos anos seguintes. Havinal (2007) estudou a forma do cacho em castas de uva de vinho, tendo verificado que as formas dos cachos registadas em 'Viognier' e 'Ugni Blanc' eram cilíndricas longas, em 'Pinot Meunier' e 'Pinot Noir' eram globulares e em 'Cabernet Sauvignon', 'Merlot' e 'Syrah' eram cilíndricas. Em 'Muscat' Velu (2001) registou o peso máximo do cacho (212,30 g) podando 67% das canas ao nível do 5º gomo e 33% das canas ao nível do 2º gomo.

Chalak (2008) observou na cv. Cabernet Sauvignon, o número máximo de cachos (57,00) no nível de poda de 12 gomos/cana, que foi igual ao nível de 8 gomos/cana (41,81) e 10 gomos/cana (40,97). O número mínimo de cachos (15,11) foi registado no nível de poda de 4 gomos/cana, que foi igual ao nível de 6 gomos/cana (24,88). Observou-se também na variedade Cabernet Sauvignon o peso máximo do cacho (199,93 g) no nível de 4 gomos/cana e foi igual ao nível de 6 gomos/cana (118,72 g) e ao nível de 10 gomos/cana (117,66 g). Chalak (2008) observou que, na poda de 6 gomos/cana, o comprimento máximo do cacho (13,20 cm) foi registado na variedade Cabernet Franc. Ahmad (2008) registou um peso máximo de cacho de (138,12 g) e (152,24 g) com uma severidade de poda de 5 gomos/cana e 12 canas/vinha, respetivamente. Morris *et al.* (1985) em 'Naigara' e Fawzi (2010) em 'Crimson Seedless' observaram menor frutificação com maior carga de gemas. Kohale *et al.* (2013) relataram em 'Sharad Seedless' que o nível de oito gomos/cana registou o número máximo de cachos (30,68) por videira, enquanto que em seis gomos/cana e 4 gomos/cana, o número de cachos foi (29,04) e (27,03), respetivamente.

2.13. Efeito da severidade da poda no rendimento

Chadha e Kumar (1970) revelaram que a poda de 4 gomos deu um rendimento significativamente mais elevado do que a poda de 6 gomos. O maior rendimento foi encontrado no caso da poda de 4 gomos com 50 canas por videira. Singhrot *et al.* (1977) registaram que, na 'Thompson Seedless', o rendimento por videira aumentou com a diminuição da intensidade da poda. O rendimento máximo por videira (8,20 kg) foi registado com 8 gomos por cana (7,77 kg) e o rendimento mínimo por videira (2,87 kg) foi registado com 4 gomos por cana. Joon e Singh (1983) mantiveram 40 gomos por videira na cv. Delight e observaram que a produção média por videira aumentou com a diminuição da intensidade da poda. As videiras podadas com 6 gomos deram rendimentos significativamente mais elevados (27,85 kg/vinha) em comparação com a poda de 2 gomos (16,25 g/vinha) e a poda de 4 gomos (21,93 kg/vinha). Jackson *et al.* (1984) relataram que, houve um aumento nos rendimentos em proporção direta ao maior número de nós. Thatai *et al.* (1987) referiram que, na uva 'Perlette', 12 canas com 4 gomos/cana deram um rendimento máximo por videira (3,66 kg) em comparação com 10 canas com 3 gomos/cana (2,56 kg) e 14 canas com 5 gomos/cana (3,38 kg). Reynolds *et al.* (1994) revelaram que o rendimento, o cacho por videira e a carga de colheita aumentaram com o aumento da densidade de rebentos, mas o peso do cacho, os bagos por cacho e o peso dos bagos diminuíram significativamente. Avenant (1998) concluiu que na cv. Festival Seedless o rendimento por videira aumentou linearmente (3,93 a 11,87 kg/vinha) à medida que a intensidade da poda diminuiu de 12 para 4 canas com 14 gomos/cana. Miller e Howell (1998) revelaram que, na cv. Concord o rendimento aumentou de 4,0 para 23,0 kg por videira quando a carga de gemas aumentou de 20 para 160 gemas por videira. Sehrawat *et al.* (1998) observaram que a severidade da poda reduziu a relação folha por cacho e o peso do cacho, enquanto a produção aumentou com o aumento do número de gomos por cana.

Chougule (2004) observou que na cv. Thompson Seedless o maior rendimento por videira (15,96 kg) foi registado com uma densidade de cana de 35 por videira. No entanto, o baixo rendimento por videira (8,43 kg) foi registado com uma densidade de cana de 30 por videira. Observou-se na cv. 'Merlot' que quando as videiras foram podadas com 2 a 9 gomos por cana, a produção máxima foi registada na quinta posição de gomo, seguida da sexta posição de gomo. No entanto, na cv. Sauvignon Blanc, o rendimento máximo foi registado na quarta e sexta posição do gomo (Anónimo, 2006). O rendimento mínimo por videira (3,30 kg) foi registado na variedade Chardonnay (Anónimo, 2007). Chalak (2008) observou que 4 gomos por nível de cana registaram o rendimento máximo por videira nas *variedades* 'Pinot Noir' (3,80 kg/vinha), 'Ugni Blanc' (5,05 kg/vinha) e 'Sauvignon Blanc' (5,18 kg/vinha). O nível de 6 gomos por cana registou o rendimento máximo por videira em 'Syrah' (8,21 kg) e 'Grenachae' (7,89 kg/vinha). Ahmad (2008) observou que, na cultivar Himrod, as videiras podadas com 5 gomos por cana registaram o maior rendimento (11,53 kg/vinha). No entanto, 6 gomos por cana deram um rendimento mínimo (10,59 kg/vinha). Kohale *et al.* (2013) relataram que na cv. Sharad Seedless o rendimento máximo (18,92 t/ha.) foi registado em 8 gomos por cana enquanto que em 6 gomos por cana, foi de 18,26 t/ha e com 4 gomos por cana foi de 17,25 t/ha.

2.14. Efeito da severidade da poda nos atributos dos bagos

Fitzgerald e Patterson (1994) afirmaram que o peso dos bagos aumentou com o desbaste, mas não foi afetado pela remoção das folhas. Kumar (1999) observou na cv. Bangalore Blue que o número de bagas registadas num cacho aquando da colheita foi de 41,8 e 40,4 durante as épocas de crescimento de inverno e verão, respetivamente. Também foi relatado que o comprimento da baga aumentou significativamente durante a estação de inverno (19,42 mm) em comparação com a estação de verão (19,29 mm). Velu (2001) observou na cv. Muscat que canas severamente podadas (poda de 67 por cento das canas ao nível de 5 gomos e 33 por cento das canas ao nível de 2 gomos) produziram um maior número de bagas/cacho (56,6). Chougule (2004) observou na cv. Thompson Seedless que o número de bagas/cacho foi afetado pela densidade das canas quando 35 canas/vinha tiveram o máximo de bagas/cacho (121,40) em comparação com 30 canas/vinha (106,20) e 40 canas/vinha

(113,60). Havinal (2007) avaliou doze castas de uva de vinho quanto ao crescimento, rendimento e qualidade. Foi registado o peso máximo de cem bagas (169,88 g) na variedade Ugni Blanc e (105,0 g) na variedade Merlot. Somkuwar e Ramteke (2007) registaram o efeito do número de cachos no peso de 25 bagas. Foi observado que o aumento do número de cachos/vinha (30 a 50) resultou numa diminuição do peso de 25 bagas (21,75 a 19,82 g) na cv. Sharad Seedless.

Chalak (2008) observou que o número máximo de bagas por cacho (93,22) foi registado no nível de 10 gomos/cana e o mínimo (87,33) no nível de 4 gomos/cana.

Verificou-se também que o peso máximo dos bagos (110,67 g) foi obtido no nível de 4 gomos/cana e foi igual ao nível de 6 gomos/cana (109,30 g) e 8 gomos/cana (108,80 g) na cv. Cabernet Sauvignon.

2.15. Efeito da severidade da poda nas dimensões dos bagos

Dass e Melanta (1972) referiram que a carga da cultura afecta o peso dos bagos e a qualidade dos mesmos. Lawande (1973) observou que, na cv. Thompson Seedless, à medida que o número de gomos numa unidade de produção aumentava as dimensões dos bagos, *nomeadamente* o comprimento e o diâmetro. Kumar (1999) verificou na cv. Bangalore Blue que, a mudança no diâmetro dos bagos durante o inverno foi significativamente maior do que durante o verão. O diâmetro máximo das bagas foi de 17,16 mm e 17,11 mm, respetivamente, durante o inverno e o verão. Afirmou-se que o peso de 100 bagas foi significativamente influenciado pelas estações, bem como por um período de crescimento e desenvolvimento. Observou-se também que a variação do volume dos bagos foi significativamente maior no verão do que no inverno. Chougule (2004) observou que, na cv. Thompson Seedless, o diâmetro máximo dos bagos (19,78 mm) e o peso mais elevado dos bagos (3,51 g) foram observados numa densidade de 30 canas por videira. Somkuwar e Ramteke (2007) registaram o efeito do número de cachos no diâmetro dos bagos da cv. Sharad Seedless. Foi observado que um aumento no número de cachos/vinha (30 a 50) resultou numa diminuição do diâmetro dos bagos (16,67 a 15,92 mm). Chalak (2008) referiu que, na 'Viognier', o diâmetro máximo dos bagos (13,20 mm) foi registado em 4 gomos/cana e foi igual ao registado em 6 gomos/cana (12,90 mm). O diâmetro mínimo dos bagos (11,08 mm) foi registado ao nível de 12 gomos/cana.

2.16. Efeito da severidade da poda nos parâmetros de qualidade

2.17. Efeito da severidade da poda nos SST

Chadha e Kumar (1970) afirmaram que os sólidos solúveis totais e o teor de açúcar redutor aumentavam com a severidade da poda. Singhrot *et al.* (1977) revelaram que o SST foi negativamente correlacionado com o número de gemas/cana. O TSS máximo (23.50^0 Brix) foi observado em 6 gomos por nível de poda da cana. Kumar e Tomer (1978) observaram na uva cv. Himrod que o SST diminuiu de $18,5^0$ Brix para $16,85^0$ Brix com o correspondente aumento do nível de poda de 2 gomos por esporão para 6 gomos por esporão. Sims *et al.* (1990) registaram, na uva 'Muscadine', uma redução dos sólidos solúveis totais em resultado da poda ligeira. O SST mais elevado (16,50^0 Brix) foi registado em 400 nós por videira e o SST mais baixo (16,00^0 Brix) em 800 nós por videira. Sehrawat *et al.* (1998) afirmaram que o SST aumentou com o aumento da severidade da poda na cv. Thompson Seedless. Kilby (1999) registou na cv. Cabernet Sauvignon um TSS de 20,3^0 Brix em 2 gomos por esporão, enquanto que em 4 gomos por esporão, foi de 19,5^0 Brix.

Velu (2001) relatou que o TSS máximo (16,44^0 Brix) foi registado com a poda de 67% das canas ao nível de 5 gomos e 33% ao nível de 2 gomos. Chougule (2004) em Thompson Seedless observou que o TSS mais alto (22.42^0 Brix) foi registado por uma densidade de cana de 35 por videira e o TSS mais baixo (16.83^0 Brix) foi registado na densidade de cana de 40 por videira.

Bates (2008) observou que, na uva 'New York Concord', o aumento de nós por videira (56 a 383) resultou num aumento do rendimento, mas diminuiu a taxa de acumulação de sólidos solúveis. Karibasappa e Adsule (2008) registaram mais SST nas castas de vinho tinto do que nas castas de vinho branco. Entre as castas de vinho tinto, o TSS mais elevado (24,80^0 Brix) foi registado na 'Pinot Noir', seguida da 'Merlot' (23,10^0 Brix). Entre as castas de vinho branco, Chenin Blanc, Ugni Blanc e Garganega registaram 18,5, 19,8 e 19,60^0 Brix TSS, respetivamente. Chalak (2008) observou que, à medida que a intensidade da poda diminuía, o SST e a relação SST/ácido diminuíam. O SST máximo (21,5^0 Brix) e a relação SST/ácido (32,70) foram registados em 4 gomos por nível de cana. O SST mínimo (18,89^0 Brix) e a relação SST/ácido (21,88) foram observados em 12 gomos por nível de cana. Kohale *et al.* (2013) observaram na cv. Sharad Seedless que o TSS máximo (21,17 e 22,06^0 Brix, respetivamente) foi registado em 4 gomos por cana em ambas as estações.

2.18. Efeito da severidade da poda na acidez

Winkler (1962) referiu que o aumento da área foliar para além de um determinado ponto resultava num baixo teor de açúcar e num elevado teor de ácido. Kumar e Tomer (1978) registaram que, na cv. Himrod, a acidez aumentou de 0,56% para 0,61% com uma diminuição da intensidade da poda de 3 para 6 gomos/esporão. Joon e Singh (1983) revelaram que, na uva 'Delight', as videiras podadas com 6 gomos por cana apresentaram a acidez mais elevada (0,88%), enquanto que foi menor (0,73%) nas videiras podadas até 2 gomos/esporão. Morris *et al.* (1985) observaram em 'Concord' que a carga pesada de frutos resultava na produção de frutos de cor clara com percentagem reduzida de sólidos solúveis e pH e acidez aumentada.

Avenant (1998) relatou que, na cv. Festival Seedless a concentração de açúcar, o pH e a relação açúcar/ácido diminuíram e a concentração de ácido aumentou com a diminuição da intensidade da poda. Kilby (1999) referiu que o aumento da acidez na uva 'Merlot' se deveu ao nível de poda. Os 2 gomos por esporão registaram 0,82% de acidez, enquanto que os 4 gomos por esporão registaram 0,97%.

Velu (2001) referiu que na cv. Muscat, o nível de poda (poda de 67 por cento das canas até ao nível de 5 gomos e 33 por cento até ao nível de 2 gomos) registou o menor teor de acidez (0,47 %) e uma relação açúcar/ácido mais elevada (30,8). Chougule (2004) observou que na cv. Thompson Seedless a acidez mais baixa (0,49%) foi registada na densidade de 35 canas por videira, enquanto a acidez mais elevada (0,80%) foi registada na densidade de 40 canas por videira. Somkuwar e Ramteke (2007) registaram um aumento da acidez com um aumento do número de cachos por videira na cv. Sharad Seedless. O tratamento 30 cachos/vinha registou 0,39% de acidez e 0,44% no tratamento 40 cachos/vinha. Havinal (2007) analisou 12 castas de uva de vinho e registou a acidez mais elevada (0,94%) na 'Chenin Blanc', que estava a par da 'Chardonnay' (0,91%). A baixa acidez (0,76%) foi observada na cv. Viognier. Chalak (2008) registou a acidez máxima (0,88%) em 12 gomos por nível de cana na cv. Cabernet Sauvignon, que foi igual ao nível de 10 gomos por cana (0,86%) e 8 gomos por cana (0,82%). A acidez mínima (0,70%) foi registada em 4 gomos por cana, a par de 6 gomos por cana (0,75%). Kohale *et al.* (2013) observaram na cv. Sharad Seedless que, a acidez máxima foi registada quando as canas foram podadas até 8 gomos em ambas as épocas.

2.19. Efeito da severidade da poda na relação SST: ácido

Joon e Singh (1983) observaram que, na uva cv. Delight, a relação SST: acidez diminuiu significativamente com a diminuição da intensidade da poda. Foi registado que as videiras podadas até 2 gomos por esporão apresentaram a relação SST/ácido mais elevada (24,70) em comparação com uma videira podada até 6 gomos por cana (18,18). Thatai *et al.* (1987) observaram que, na cv. Perlette, a relação SST/ácido máxima (26,00) foi registada na poda de 4 gomos por cana, enquanto que foi de 21,40 na poda de 5 gomos por cana. Chougule (2004) relatou que na cv. Thompson Seedless, a relação SST: ácido máxima (32,98) foi registada em 35 canas por videira. Seguiram-se 30 canas/vinha (30,42) e 40 canas por videira (27,75).

Havinal (2007) referiu que o rácio SST: ácido mais elevado foi observado em 'Cabernet Sauvignon' (28,03), seguido de 'Grenache' (27,72), 'Pinot Noir' (27,00) e 'Viognier' (26.79), ao passo que a relação SST: acidez mais baixa (23,13) foi registada pela 'Chenin Blanc', a par da 'Chardonnay' (23,80), 'Sauvignon Blanc' (24,60), 'Ugni Blanc' (24,70) e 'Pinot Meunier' (25,37). Chalak (2008) observou a máxima relação SST: ácido (33,50) na cv. Cabernet Franc no nível de poda de 4 gomos por cana e foi igual ao nível de poda de 6 gomos por cana (31,10). A relação SST: acidez mínima (23,30) foi registada em 12 gomos por cana (25,00).

2.20. Efeito da severidade da poda nos açúcares

Balakrishnan e Rao (1963) observaram que os sólidos solúveis totais e o teor de açúcar redutor aumentavam com a severidade da poda. Mohanakumaran *et al.* (1964) encontraram uma correlação positiva e altamente significativa entre a área foliar da cana e a percentagem de sólidos solúveis totais, açúcares redutores e rácio açúcar-ácido. Hulamani *et al.* (1967) mostraram que o teor de açúcar da baga estava em relação direta com a espessura do esporão, enquanto a acidez variava inversamente. Chadha *et al.* (1969) relataram que na cv. Perlette, os SST e os açúcares redutores diminuíram quando o número de canas aumentou de 100 para 140 por videira. Velu (2001) observou que em videiras severamente podadas (poda de 67% das canas até ao nível de 5 gomos e 33% até ao nível de 2 gomos) registou o máximo de açúcares totais (14,36%), açúcares redutores (12,72%) e açúcares não redutores (1,64%) na cv. Muscat. Kohale *et al.* (2013) registaram na cv. Sharad Seedless que os açúcares totais mais elevados (18,69 e 18,67%) foram registados em 4 gomos por cana, e foi a par com 6 gomos por cana (18,10 e 18,17%, respetivamente) em ambas as estações.

2.21. Efeito das estações do ano nos parâmetros físicos do cacho

Kumar (1999) referiu que o aumento do comprimento dos cachos em diferentes intervalos do seu crescimento não foi significativo entre as estações do inverno e do verão. Kumar (1999) registou um aumento do peso dos cachos durante o período de crescimento, que foi significativamente influenciado pelas estações do ano. Seguiu um padrão de curva de crescimento duplo sigmoide.

2.22. Efeito da estação do ano nos parâmetros de qualidade

Kumar (1999) observou na cv. Bangalore Blue, que a acidez titulável das bagas era significativamente mais elevada durante o inverno (0,89%) do que durante o verão (0,68%). Também foi referido que a variação do teor de açúcar total, redutor e não redutor nas bagas foi significativamente maior durante o verão do que no inverno.

3. MATERIAIS E MÉTODOS

A presente investigação sobre "Estudos sobre a época e a intensidade da poda no crescimento, rendimento e qualidade das uvas cv. Red Globe" foi realizada no Pomar Universitário, Faculdade de Horticultura e Instituto de Investigação, TNAU, Coimbatore - 641 003 durante o período de junho de 2012 a junho de 2013. Os materiais e métodos adoptados durante a investigação são aqui descritos.

3.1. Materiais

A uva cv. Red Globe (*Vitis vinifera* L.), com oito anos de idade e formada no sistema de caramanchão, foi utilizada para a imposição dos tratamentos no experimento. Estas videiras foram cultivadas sobre o porta-enxerto Dog Ridge. O espaçamento seguido foi de 3,0 x 2,5 m.

3.1.1. Detalhes experimentais

O experimento de campo foi estabelecido em um projeto de blocos aleatórios (RBD) com quatro tratamentos e cinco repetições, conforme discutido abaixo.

Para a recolha de dados, foi observado um número total de 4 videiras em cada repetição e em cada tratamento.

3.2.1.a. Pormenores do tratamento

S. N.º Pormenores do tratamento

T1 Poda de todas as canas ao nível de 2 gomos (100 por cento) para crescimento vegetativo na estação das chuvas e ao nível de 5-6 gomos (100 por cento) para a cultura de verão.

T2 Poda de todas as canas ao nível de 5-6 gomos (100 por cento) para a cultura da estação das chuvas e ao nível de 2 gomos (100 por cento) para o crescimento vegetativo na estação do verão.

T3 Poda $1/3^{rd}$ ou 33% das canas para crescimento vegetativo e $2/3^{rd}$ ou 67% das canas para produção de culturas durante junho e janeiro.

T4 Poda de 50% das canas para o crescimento vegetativo e de 50% das canas para a produção vegetal durante os meses de junho e janeiro.

1.1.1. b. Método de poda

O método de poda consistiu na remoção não só dos rebentos da estação anterior ao nível indicado, mas também da remoção de madeiras velhas indesejadas, rebentos mortos e crescimento pouco vigoroso durante a poda.

1.1.2. Época da poda

Cultura da estação das chuvas - As videiras foram podadas na segunda quinzena de junho de 2012 e colhidas durante os meses de outubro-novembro de 2012.

Colheita de verão - As vinhas foram podadas na primeira quinzena de janeiro de 2013 e colhidas no mês de maio-junho de 2013.

1.1.3. Operações culturais seguidas

Uma dosagem de nutrientes consistindo em 5 kg de FYM juntamente com 0,75: 0,75: 0,50 kg de NPK por videira foi aplicada em duas doses divididas, metade na fase vegetativa e a outra metade na fase de frutificação. Foram também seguidas medidas adequadas de proteção das plantas sempre que necessário. A irrigação da parcela experimental foi efectuada por gotejamento. Todos os dias, 20-25 litros de água foram dados por videira até ao desenvolvimento dos bagos. A água foi mantida desde a fase de pintor até à colheita para melhorar a qualidade dos bagos.

3.3. OBSERVAÇÕES

3.3.1. Peso do material podado

O material podado foi pesado depois de ter sido seco ao sol durante 2 dias e expresso em quilogramas.

3.3.2. Número de dias para o aparecimento de gomos após a poda

O número de dias decorridos entre a poda e o aparecimento de gemas visíveis em cada tratamento foi contado e registado em dias.

3.3.3. Número de dias para a floração a partir da poda

O número de dias desde a poda até ao dia da abertura das flores na ráquis basal da inflorescência totalmente obtida foi contado e registado como dias.

3.3.4. Duração da floração até à última colheita

O número de dias desde a floração até à última colheita dos cachos foi contado em cada tratamento e registado como dias.

3.3.5. Área foliar total por rebento

Foi medida em 5th, 10th e 15th posição nodal da folha num rebento desenvolvido na fase de iniciação do cacho. A área foliar foi calculada colocando a lâmina foliar num medidor de área foliar, multiplicando o número de folhas por rebento e expresso em centímetros quadrados.

3.3.6. Comprimento do rebento

A taxa de crescimento dos rebentos foi registada para descobrir a influência da carga de rebentos no crescimento. O comprimento dos rebentos foi medido a partir de 1st nó no quinto, décimo e décimo quinto estádios foliares e expresso em centímetros.

3.3.7. Diâmetro médio da cana

O diâmetro da cana foi registado na posição nodal de 4th a 5th num rebento de cacho com a ajuda de um paquímetro antes da colheita em cada tratamento; o diâmetro médio da cana foi calculado e expresso em centímetros (Somkuwar e Ramteke, 2008).

3.3.8. Comprimento internodal

O comprimento internodal foi medido entre 4 -5^{thth} e 5 -6^{thth} na posição central do rebento desenvolvido após a poda, utilizando uma escala de medição antes da colheita para cada tratamento em cada repetição e expresso em centímetros.

3.4. Amostragem de pecíolos

Trinta pecíolos nascidos no lado oposto à inflorescência em cada repetição foram recolhidos ao acaso durante a floração, secos a uma temperatura constante de 60^0 C numa estufa de ar quente e utilizados para analisar os teores de azoto, fósforo e potássio. Estas amostras de pecíolos secos foram moídas até se tornarem um pó fino e peneiradas através de uma peneira de 80 malhas e armazenadas em garrafas herméticas.

3.4.1. Estimativa do azoto total

O teor de azoto total foi estimado pelo método Microkjeldahl (Humphries, 1956) e expresso em percentagem.

3.4.2. Estimativa do fósforo total

O teor de fósforo total foi estimado no extrato triplo ácido através da adoção do método do amarelo fosfórico do vanadomolibdato (Jackson, 1973) e expresso em percentagem.

3.4.3. Estimativa do potássio total

O teor de potássio foi estimado através da leitura dos valores do fotómetro de chama do extrato ácido triplo (Jackson, 1973) e expresso em percentagem.

3.5. Parâmetros fisiológicos

3.5.1. Teor de clorofila

O teor de clorofila foi calculado na folha que se encontrava do lado oposto à inflorescência em cada repetição na fase de floração e estimado utilizando 80 por cento de acetona e a intensidade da cor foi lida a 645, 663 e 652 nm para a clorofila 'a', clorofila 'b' e clorofila total seguindo o método de Yoshida *et al.*, 1971 e expresso como mg g^{-1} .

3.5.2. Teor de hidratos de carbono totais das canas

O teor de hidratos de carbono totais das canas (recolhidas após a colheita) foi estimado segundo o método descrito por Somogyi (1952) e expresso em percentagem.

3.6. Parâmetros de rendimento

3.6.1. Número de cachos por videira

O número de cachos produzidos em cada videira foi registado por contagem e o valor médio foi calculado para cada tratamento em cada repetição.

3.6.2. Comprimento médio do cacho

O comprimento de cada cacho, desde a extremidade do pedúnculo até à extremidade inferior, foi medido com a ajuda de uma fita métrica flexível e o comprimento médio do cacho foi calculado e expresso em centímetros.

3.6.3. Circunferência do cacho

Foram selecionados aleatoriamente cinco cachos de cada tratamento em cada repetição e a circunferência do cacho foi registada na parte central do cacho utilizando uma fita métrica flexível para obter o valor médio e expresso em centímetros.

3.6.4. Peso médio do cacho

Os cachos colhidos das vinhas marcadas foram pesados e o peso médio dos cachos foi calculado e expresso em gramas.

3.6.5. Rendimento por videira

A produção total de cachos por videira foi registada com a ajuda de uma balança eletrónica e o valor médio foi calculado e expresso em quilogramas.

3.6.6. Rendimento por videira por ano

O rendimento anual por videira foi registado através da pesagem de todos os cachos de cada videira em cada tratamento, em ambas as épocas. O peso dos cachos foi registado com a ajuda de uma balança eletrónica e expresso em quilogramas.

3.6.7. Número de bagas por cacho

O número de bagas por cacho foi registado através da contagem do número total de bagas em cada um dos dois cachos selecionados por repetição e por tratamento, tendo sido calculada a média do número de bagas.

3.6.8. Peso médio dos bagos

Vinte bagas foram selecionadas aleatoriamente e colhidas dos cachos em cada tratamento aquando da colheita e o seu peso foi anotado com uma balança eletrónica sensível. O peso médio dos vinte bagos em todos os tratamentos foi calculado separadamente e expresso em gramas.

3.6.9. Diâmetro médio dos bagos

Vinte bagas selecionadas aleatoriamente em cada tratamento foram utilizadas para medir o diâmetro utilizando um compasso de calibre digital vernier. O diâmetro médio de vinte bagas foi calculado e expresso em milímetros.

3.6.10. Volume da baga

O volume das vinte bagas amostradas por réplica e por tratamento foi determinado pelo método de deslocamento de água e expresso em centímetros cúbicos. O volume médio dos bagos foi calculado.

3.7. Parâmetros de qualidade

Foram utilizadas 10 bagas selecionadas aleatoriamente por réplica em cada tratamento para avaliar os parâmetros de qualidade.

3.7.1. Sólidos solúveis totais

A polpa foi espremida e o teor de sólidos solúveis totais do sumo foi determinado por meio de um refratómetro manual digital com uma escala de $0\text{-}50^0$ Brix e expresso em graus Brix a 21^0 C.

3.7.2. Acidez titulável

A acidez titulável do sumo foi determinada titulando o sumo recém-extraído com uma solução de NaOH 0,1N e padronizada em relação ao ácido tartárico utilizando fenolftaleína como indicador e expressa em termos de percentagem de equivalente de ácido tartárico.

3.7.3. TSS: rácio de acidez

O rácio SST: acidez foi calculado dividindo o SST (^{0} brix) pela acidez (%).

3.7.4. Estimativa dos açúcares

Os açúcares totais, redutores e não redutores foram calculados de acordo com o método sugerido por Somogyi (1952) e expressos em percentagem.

3.7.5. Rácio açúcar-ácido

O rácio açúcar-ácido foi calculado dividindo o teor total de açúcar pela acidez.

3.8. Análise estatística

Os dados foram submetidos a uma análise estatística, tal como indicado por Panse e Sukhatme (1985). As várias comparações foram efectuadas depois de calculados os erros-padrão e a diferença crítica a um nível de significância de 5 por cento.

4. RESULTADOS EXPERIMENTAIS

O presente estudo, intitulado "Estudos sobre a época e a intensidade da poda no crescimento, rendimento e qualidade das uvas cv. Red Globe", foi efectuado no Pomar Universitário, Faculdade de Horticultura e Instituto de Investigação, TNAU, Coimbatore, durante o ano de 2012-2013. As videiras foram podadas em quatro níveis diferentes de poda para o desenvolvimento da cana e do cacho em duas épocas diferentes. Os resultados obtidos são apresentados neste capítulo em rubricas e sub-rubricas adequadas, com quadros.

4.1. Efeito dos níveis de poda nos caracteres de crescimento

Os tratamentos relativos aos níveis de poda foram impostos de acordo com o programa técnico. As observações sobre os parâmetros de crescimento, *nomeadamente* o peso do material podado, o número de dias para o aparecimento de rebentos a partir da poda, o número de dias para a floração a partir da poda, a duração da floração até à última colheita, a área foliar total por rebento, o comprimento do rebento, o comprimento internodal e o diâmetro da cana foram registados em ambas as épocas. Estas observações foram analisadas estatisticamente e os resultados são aqui apresentados.

4.1.1. Peso do material podado

Os dados apresentados no quadro 1 revelaram diferenças estatisticamente significativas entre os tratamentos em ambas as estações (estação das chuvas e estação do verão).

Na colheita da estação das chuvas, o peso máximo do material podado (1,25 kg/vinha) foi registado no T_1 seguido do T4 (1,17 kg/vinha). O peso mínimo de poda (1,01 kg/vinha) foi registado no tratamento T_2.

Na cultura de verão, o 'peso máximo do material podado' (1,56 kg/vinha) foi registado no T_2, que foi significativamente superior aos restantes tratamentos, seguido do T4 (1,34 kg/vinha). O peso mínimo de poda (1,15 kg/vinha) foi registado no tratamento T_1.

4.1.2. Número de dias para o aparecimento de gomos após a poda

As observações relativas ao "número de dias para o aparecimento de gomos a partir da poda" são apresentadas no quadro 1. Foram registadas diferenças estatisticamente significativas entre os tratamentos em ambas as épocas.

Embora estatisticamente significativo, o número de dias entre a poda e o surgimento do broto foi pequeno (14,80-15,40 dias) na estação chuvosa e de (16,10-16,65 dias) na estação de verão. Durante a estação chuvosa, T_1 levou o menor número de dias (14,80 dias) para a brotação do broto, enquanto T4 e T3 estavam no mesmo nível (15,20 dias). T_2 levou o maior número de dias (15,40 dias) para a brotação de brotos.

Tabela 1. Efeito dos tratamentos de poda no peso do material podado e no número de dias para a brotação de gemas a partir da poda em uvas cv. Red Globe.

Tratamentos	Peso do material podado		N.º de dias para o aparecimento de rebentos da poda	
	Estação I (Estação das chuvas)	Temporada II (Temporada de verão)	Estação I (Estação das chuvas)	Temporada II (Temporada de verão)
Ti	1.25	1.15	14.80	16.65
T2	1.01	1.56	15.40	16.10
T3	1.11	1.22	15.20	16.25
T4	1.17	1.34	15.20	16.25
S.Ed	0.01	0.01	0.01	0.01
CD (0,05%)	0.02	0.02	0.03	0.02

No caso da cultura de verão, o T2 registou o número mínimo de dias (16,10 dias) para a germinação do rebento, enquanto que o T4 e o T3 estiveram ao mesmo nível (16,25 dias). T1 (16,65 dias) registou o maior número de dias para a germinação do rebento.

4.1.3. Número de dias para a floração a partir da poda

As observações sobre o "número de dias para a floração a partir da poda" são apresentadas no quadro 2. Foram registadas diferenças estatisticamente significativas entre os tratamentos em ambas as épocas.

Durante a estação das chuvas, entre os tratamentos, o T1 registou o número mínimo de dias (38,40 dias) para a floração, seguido do T4 (39,21 dias) e o número máximo de dias (40,80 dias) foi registado pelo tratamento T2.

No caso da cultura de verão, o T2 registou o número mínimo de dias para a floração (39,05 dias), seguido do T4 (39,60 dias) e do T3 (39,70 dias). T1 registou o maior número de dias para a floração (40,15 dias).

4.1.4. Duração desde a floração até à última colheita

As observações sobre a "duração da floração até à última colheita" são apresentadas no quadro 2. A duração da floração até à última colheita em ambas as épocas diferiu significativamente entre os tratamentos.

Durante a estação das chuvas, entre os tratamentos, o T1 registou a duração mínima entre a floração e a colheita (92,60 dias), seguido do T4 (93,00 dias). Entre os tratamentos, o T3 registou a duração mais longa (93,42 dias), a par do tratamento T2.

No caso da cultura de verão, entre os tratamentos, o T2 registou a duração mínima entre a floração e a última colheita (94,40 dias), seguido do T4 (95,05 dias) e do T3 (95,20 dias). o T1 registou o número máximo de dias (95,50 dias) entre os tratamentos.

Quadro 2. Efeito dos tratamentos de poda no número de dias para a floração a partir da poda e duração da floração até à última colheita em uvas cv. Red Globe.

Tratamentos	N.º de dias para a floração a partir da poda		Duração desde a floração até à última colheita	
	Estação I (Estação das chuvas)	Temporada II (Temporada de verão)	Estação I (Estação das chuvas)	Temporada II (Temporada de verão)
Ti	38.40	40.15	92.60	95.50
T2	40.80	39.05	93.40	94.40
T3	40.00	39.70	93.42	95.20
T4	39.21	39.60	93.00	95.05
S.Ed	0.04	0.02	0.02	0.02
CD (0,05%)	0.09	0.04	0.04	0.04

4.1.5. Comprimento do rebento (5th fase da folha)

As observações sobre o 'comprimento do rebento' no estádio de 5th folhas são apresentadas no Quadro 3. Foram registadas diferenças estatisticamente significativas entre os tratamentos em ambas as estações.

Na estação das chuvas, o T1 registou o comprimento máximo de rebentos (14,12 cm) seguido do T4 (13,92 cm) e o comprimento mínimo de rebentos (12,60 cm) foi observado no tratamento T2.

No caso da cultura de verão, entre os tratamentos, o T2 registou o comprimento máximo de rebentos (14,68 cm) e foi seguido pelo T4 (14,56 cm). O tratamento T1 registou o comprimento mínimo de rebentos (13,25 cm).

4.1.6. Comprimento do rebento (10th fase da folha)

As observações sobre o 'comprimento do rebento' no estádio de 10th folhas são apresentadas no Quadro 3. Foram registadas diferenças estatisticamente significativas entre os tratamentos em ambas as estações.

Na estação chuvosa, entre os tratamentos, o T1 manifestou o comprimento máximo de rebentos (36,57 cm), seguido do T4 (36,47 cm). O comprimento mínimo de rebentos (34,70 cm) foi observado no tratamento T2.

No caso da cultura de verão, o tratamento T2 registou o comprimento máximo de rebentos (45,12 cm), seguido do T4 (44,31 cm). Os tratamentos T4 e T3 foram iguais entre si. O comprimento mínimo de rebentos (41,12 cm) foi observado no tratamento T1.

4.1.7. Comprimento do rebento (15th fase da folha)

As observações sobre o 'comprimento do rebento' no estádio de 15th folhas são apresentadas no Quadro 3. Foram registadas diferenças estatisticamente significativas entre os tratamentos em ambas as estações.

Na estação chuvosa, entre os tratamentos T1 manifestou o comprimento máximo de rebento (64,47 cm) seguido de T3 (62,05 cm) que está a par de T4 (61,95 cm). O comprimento mínimo dos rebentos (61,05 cm) foi registado no tratamento T2.

No caso da cultura de verão, entre os tratamentos, o T2 registou o comprimento máximo de rebentos (73,68 cm), a par do T4 (73,50 cm), e o comprimento mínimo de rebentos (68,81 cm) foi observado no tratamento T1.

Tabela 3. Efeito dos tratamentos de poda no comprimento dos rebentos (cm) nos estádios foliares 5th, 10th e 15th em uvas cv. Red Globe.

Tratamentos	Comprimento do rebento (5th fase da folha)		Comprimento do rebento (10th fase da folha)		Comprimento do rebento (15th fase da folha)	
	Estação I (Estação das chuvas)	Temporada II (Temporada de verão)	Estação I (Estação das chuvas)	Temporada II (Temporada de verão)	Estação I Estação das chuvas)	Temporada II (Temporada de verão)
T1	14.12	13.25	36.57	41.12	64.47	68.81
T2	12.60	14.68	34.70	45.12	61.05	73.68
T3	12.82	14.12	35.25	44.25	62.05	71.62
T4	13.92	14.56	36.47	44.31	61.95	73.50
S.Ed	0.03	0.03	0.04	0.07	0.06	0.09
CD (0,05%)	0.07	0.06	0.08	0.16	0.13	0.21

4.1.8. Área foliar total por rebento

As observações sobre a "área foliar total por rebento" são apresentadas no quadro 4. Foram registadas diferenças estatisticamente significativas entre os tratamentos em ambas as estações.

Durante a estação chuvosa, a área foliar total por rebento (2733,70 cm^2) foi observada no tratamento T4 e foi seguida pelo T1 (2593,94 cm^2). A área foliar mínima (2473,10 cm^2) foi registada no tratamento T2.

A área foliar total por rebento avaliada durante o verão revelou que, entre os tratamentos, o T4 registou a área foliar total mais elevada (2823,01 cm^2), seguido do T3 (2696,88 cm^2) e a área foliar total mínima por rebento (2593,40 cm^2) foi registada no T2, que está a par do T1 (2648,55 cm^2).

4.1.9. Diâmetro médio da cana

As observações sobre o "diâmetro da cana", registado numa cana com cacho, são apresentadas no quadro 4. Foram registadas diferenças estatisticamente significativas entre os tratamentos durante a época I e a época II.

Durante a estação I (estação chuvosa), o diâmetro máximo da cana (9.55 mm) foi registado no tratamento T4 que foi seguido pelo tratamento T1 (9.45 mm). O diâmetro mínimo da cana (8.45 mm) foi registado no tratamento T2.

No caso da estação II (colheita de verão), o diâmetro máximo da cana (9,47 mm) foi registado no tratamento T4, que foi significativamente superior aos restantes tratamentos. Foi seguido por (9,05 mm) T2 que estava a par com T3 (9,02 mm). O diâmetro mínimo da cana (8,77 mm) foi registado no tratamento T1.

Tabela 4. Efeito dos tratamentos de poda na área foliar total por rebento (cm^2) e no diâmetro médio da cana (mm) em uvas cv. Red Globe.

Tratamentos	Área foliar total por rebento		Diâmetro médio da cana	
	Estação I (Estação das chuvas)	Temporada II (Temporada de verão)	Estação I (Estação das chuvas)	Temporada II (Temporada de verão)
Ti	2593.94	2648.55	9.45	8.77
T2	2473.10	2593.40	8.45	9.05
T3	2580.55	2696.88	9.25	9.02
T4	2733.70	2823.01	9.55	9.47
S.Ed	4.54	4.15	0.02	0.01
CD (0,05%)	9.88	9.05	0.05	0.03

4.1.10. Comprimento internodal (4 -5[thth] posição nodal)

As observações sobre "o comprimento médio internodal" entre 4 -5[thth] posição nodal são apresentadas no Quadro 5. Foram registadas diferenças estatisticamente significativas entre os tratamentos em ambas as estações.

Embora estatisticamente significativo, o comprimento internodal entre 4 -5[thth] posição nodal estava numa faixa estreita (3,90-4,48 cm) na estação chuvosa e de (4,12-5,01 cm) na estação de verão.

Na estação chuvosa, o 'comprimento internodal' máximo (4,48 cm) foi registado em T1 seguido de T2 (4,37 cm) enquanto que o comprimento internodal mínimo (3,90 cm) foi registado no tratamento T4.

No que diz respeito à cultura de verão, o comprimento internodal máximo (5,01 cm) foi registado no tratamento T2. Seguiu-se o tratamento T3 (4,52 cm) e o comprimento internodal mínimo (4,12 cm) foi observado no tratamento T4.

4.1.11. Comprimento internodal (5 -6[thth] posição nodal):

As observações sobre 'o comprimento médio internodal' entre 5 -6[thth] posição nodal são apresentadas no Quadro 5. Foram registadas diferenças estatisticamente significativas entre os tratamentos em ambas as estações.

Embora estatisticamente significativo, o comprimento internodal entre 5 -6[thth] posição nodal estava numa faixa estreita de (4,36-5,25 cm) na estação chuvosa e de (4,80-5,31 cm) na estação de verão.

Na estação das chuvas, o comprimento internodal máximo foi registado em T1 (5,25 cm) seguido de T2 (5,10 cm) enquanto que o comprimento internodal mínimo (4,36 cm) foi registado no tratamento T4.

No que diz respeito à cultura de verão, o comprimento internodal máximo (5,31 cm) foi registado no tratamento T1. Foi significativamente superior aos restantes tratamentos. Foi seguido por (5,25 cm) no tratamento T2. O comprimento internodal mínimo (4,80 cm) foi registado no tratamento T4.

Tabela 5. Efeito dos tratamentos de poda no comprimento internodal (cm) entre 4 -5[thth] e 5 - 6[thth] posições nodais em uvas cv. Red Globe.

Tratamentos	Comprimento internodal (4 -5)[thth]		Comprimento internodal (5 -6)[thth]	
	Estação I (Estação das chuvas)	Temporada II (Temporada de verão)	Estação I (Estação das chuvas)	Temporada II (Temporada de verão)
Ti	4.48	4.46	5.25	5.31
T2	4.37	5.01	5.10	5.25
T3	4.17	4.52	4.90	5.18
T4	3.90	4.12	4.36	4.80
S.Ed	0.01	0.02	0.02	0.01
CD (0,05%)	0.02	0.03	0.04	0.02

4.2. Efeito dos níveis de poda no teor de nutrientes do pecíolo

Foram registadas observações sobre os teores de nutrientes no pecíolo, *nomeadamente* o azoto total, o fósforo total e o potássio total, em ambas as estações. Estas observações foram analisadas estatisticamente e os resultados são apresentados em quadros.

4.2.1. Teor de azoto total

As observações sobre o "teor de azoto total" são apresentadas no quadro 6. Foram registadas diferenças estatisticamente significativas entre os tratamentos em ambas as estações.

Na primeira estação (estação das chuvas), entre os tratamentos, o T4 registou o teor máximo de azoto total (2,82 por cento), seguido do Ti (2,34 por cento). O teor mínimo (2,06 por cento) de azoto total foi observado no tratamento T2.

No caso da segunda estação (colheita de verão), também se observou uma tendência semelhante e o tratamento T4 registou o teor máximo de azoto no pecíolo (2,69 por cento), seguido de T3 (2,61 por cento) e o teor mínimo de azoto no pecíolo (2,24 por cento) foi registado em Ti.

4.2.2. Teor de fósforo total

As observações sobre o "teor de fósforo total" são apresentadas no quadro 6. Foram registadas diferenças estatisticamente significativas entre os tratamentos em ambas as estações.

Na primeira estação (estação das chuvas), entre os tratamentos, o T4 registou o teor máximo de fósforo total (0,83 por cento), seguido do tratamento Ti (0,82 por cento). O teor mínimo de fósforo total (0,78 por cento) foi registado em T2.

No caso da segunda estação (cultura de verão), também se observou uma tendência semelhante e o tratamento T4 registou o teor máximo de fósforo no pecíolo (0,86 por cento), seguido do T3 (0,85 por cento). O teor mínimo de fósforo total (0,77 por cento) foi registado em Ti.

4.2.3. Teor total de potássio

As observações sobre o "teor total de potássio" são apresentadas no quadro 6. Foram registadas diferenças estatisticamente significativas entre os tratamentos em ambas as estações.

Durante a primeira estação (estação das chuvas), entre os tratamentos T4, registou-se o teor máximo de potássio no pecíolo (2,78 por cento), seguido de T1 (2,67 por cento). O teor mínimo de potássio total (2,22%) foi registado em T2.

Durante a segunda estação (safra de verão), também prevaleceu uma tendência semelhante à da primeira estação (estação chuvosa). O teor máximo de potássio no pecíolo (2,82 por cento) foi registado em T4 e foi seguido por T2 (2,72 por cento). O teor mínimo de potássio total (2,16 por cento) foi observado em T1.

Tabela 6. Efeito dos tratamentos de poda no teor de NPK no pecíolo (percentagem) em uvas cv. Red Globe.

Tratamentos	Azoto total		Fósforo total		Potássio total	
	Temporada I	Temporada II	Temporada I	Temporada II	Temporada I	Temporada II
T1	2.342	2.240	0.824	0.768	2.674	2.162
T2	2.056	2.284	0.785	0.794	2.216	2.724
T3	2.146	2.607	0.794	0.854	2.465	2.347
T4	2.816	2.688	0.827	0.864	2.782	2.825
S.Ed	0.014	0.010	0.001	0.002	0.010	0.013
CD (0,05%)	0.031	0.020	0.002	0.005	0.023	0.028

4.3. Efeito da severidade da poda nos parâmetros fisiológicos

As observações sobre os "parâmetros fisiológicos", *nomeadamente* o teor de clorofila "a", o teor de clorofila "b", o teor total de clorofila e o teor total de hidratos de carbono, foram registadas em ambas as culturas. Estas observações foram analisadas estatisticamente e apresentadas em quadros.

1.1.1. Teor de clorofila "a

As observações sobre o "teor de clorofila 'a'" registado na fase de floração, tanto na estação das chuvas como no verão, são apresentadas no quadro 7. Foram registadas diferenças estatisticamente significativas entre os tratamentos em ambas as estações.

Embora estatisticamente significativo, o conteúdo de clorofila 'a' estava numa faixa estreita (0,564-0,665 mg/g) na estação chuvosa e de (0,872-1,375 mg/g) na estação de verão.

Na estação das chuvas, o tratamento T4 registou o teor máximo de clorofila 'a' (0,665 mg/g) seguido do T3 (0,617 mg/g). O teor mínimo de clorofila 'a' (0,564 mg/g) foi registado pelo T2.

Na cultura de verão, também o T4 registou o teor mais elevado de clorofila 'a' (1,375 mg/g), seguido do T3 (0,990 mg/g) e do T2 (0,978 mg/g), que foram iguais entre si. O teor mínimo de clorofila 'a' (0,872 mg/g) foi observado em T1.

1.1.2. Teor de clorofila "b

As observações sobre o "teor de clorofila 'b'" são apresentadas no quadro 7. Foram registadas diferenças estatisticamente significativas entre os tratamentos em ambas as estações.

Durante a primeira estação (estação das chuvas), o tratamento T4 registou o teor máximo de clorofila 'b' (0,494 mg/g), seguido de T3 (0,486 mg/g) e o mínimo (0,414 mg/g) foi registado em T1.

Na segunda estação (cultura de verão), o teor máximo de clorofila 'b' (0,647 mg/g) foi registado no tratamento T4, seguido do T3 (0,551 mg/g) e o mínimo (0,514 mg/g) foi registado no T1.

Tabela 7. Efeito dos tratamentos de poda nos teores de clorofila 'a' e 'b' (mg/g) na fase de floração em uvas cv. Red Globe.

Tratamentos	Corofila "a		Choloro	phyll "b
	Temporada I	Temporada II	Temporada I	Temporada II
Ti	0.611	0.872	0.414	0.514
T2	0.564	0.978	0.447	0.534
T3	0.617	0.990	0.486	0.551
T4	0.665	1.375	0.494	0.647
S.Ed	0.001	0.009	0.001	0.002
CD (0,05%)	0.004	0.020	0.003	0.005

4.3.3. Teor total de clorofila

As observações sobre o "teor de clorofila total" são apresentadas no quadro 8. Foram registadas diferenças estatisticamente significativas entre os tratamentos em ambas as estações.

Durante a primeira estação (estação das chuvas), T4 entre os tratamentos registou o teor máximo de clorofila total (1,160 mg/g) seguido de T3 (1,103 mg/g) e o teor mínimo de clorofila total (1,011 mg/g) foi registado em T2.

Também na segunda época (época de verão), o teor máximo de clorofila total (2,022 mg/g) foi registado no tratamento T4, que foi superior aos restantes tratamentos. No entanto, o teor mais baixo de clorofila (1,386 mg/g) foi registado no tratamento T1.

1.1.4. Teor de hidratos de carbono totais das canas

Os resultados do teor de hidratos de carbono totais estimados nas canas (recolhidas após a colheita) revelaram diferenças significativas entre os tratamentos, tanto na estação das chuvas como no verão (quadro 8).

Na estação I (estação das chuvas), entre os tratamentos, o T4 registou o teor mais elevado de hidratos de carbono totais (14,63%), seguido do T1 (14,47%), enquanto o teor mais baixo de hidratos de carbono totais (14,02%) foi registado no T2 .

No caso da época II (cultura de verão), também se registou uma tendência semelhante. O teor máximo de hidratos de carbono totais (15,88 por cento) foi observado em T4, seguido de perto por T2 (15,65 por cento) e o teor mínimo (14,91 por cento) foi observado em T1.

Tabela 8. Efeito dos tratamentos de poda no teor de clorofila total (mg/g) e no teor de hidratos de carbono totais nas canas (%) em uvas cv. Red Globe.

Tratamentos	Clorofila total		Hidratos de carbono totais	
	Estação I (Estação das chuvas)	Temporada II (Temporada de verão)	Estação I (Estação das chuvas)	Temporada II (Temporada de verão)
Ti	1.025	1.386	14.47	14.91
T2	1.011	1.511	14.02	15.65
T3	1.103	1.541	14.35	15.09
T4	1.160	2.022	14.63	15.88
S.Ed	0.003	0.010	0.01	0.02
CD (0,05%)	0.006	0.030	0.02	0.04

1.4. Efeito dos níveis de poda no rendimento e nos parâmetros que contribuem para o rendimento

Foram registadas as observações sobre o "rendimento e os parâmetros que contribuem para o rendimento", *nomeadamente* o número de cachos por videira, o peso médio dos cachos, o comprimento médio dos cachos, a circunferência média dos cachos, o número de bagos por cacho, o diâmetro médio dos bagos e o rendimento por videira. Estas observações foram analisadas estatisticamente e apresentadas em quadros.

1.4.1. Número de cachos por videira

As observações sobre o "número de cachos por videira" são apresentadas no quadro 9. Foram registadas diferenças estatisticamente significativas entre os tratamentos, tanto na estação das chuvas como no verão.

Durante a primeira época (época das chuvas), o tratamento T2 registou o número máximo de cachos por videira (26,20) e foi superior aos restantes tratamentos. Seguiu-se o tratamento T3 (22,87) e o número mínimo de cachos por videira (12,25) foi observado no tratamento T1.

No caso da segunda estação (safra de verão), o número máximo de cachos por videira (32,00) foi registado no tratamento T1, que foi igual ao T3 (31,50) e o mínimo (15,50) foi registado no tratamento T2.

O valor calculado para o número de cachos por videira por ano (época I + época II) mostrou diferenças significativas entre os tratamentos. O tratamento T3 registou o número máximo acumulado de cachos por videira (54,38) seguido do tratamento T4 (48,90) e o mínimo foi registado em T2 (41,70).

Quadro 9. Efeito dos tratamentos de poda no número de cachos por videira, por época e por ano, em uvas cv. Red Globe.

Tratamentos	Número de cachos/vinha/época		Número de cachos/vinha/ano
	Estação I (Estação das chuvas)	Temporada II (Temporada de verão)	Temporada I + Temporada II
Ti	12.25	32.00	44.25
T2	26.20	15.50	41.70
T3	22.87	31.50	54.38
T4	21.05	27.85	48.90
S.Ed	0.25	0.33	-
CD (0,05%)	0.55	0.71	-

1.4.2. Comprimento médio do cacho

As observações sobre o "comprimento médio do cacho" são apresentadas no quadro 10. Durante a primeira estação (estação das chuvas), o tratamento T4 registou o comprimento máximo do cacho (28,40 cm) e foi significativamente superior aos restantes tratamentos. Seguiu-se o tratamento T_1 (28,20 cm) e o comprimento mínimo do cacho (26,50 cm) foi registado no tratamento T3. Relativamente à segunda estação (colheita de verão), o tratamento T4 apresentou o comprimento máximo do cacho (31,25 cm) seguido do T_2 (31,05 cm) e o mínimo foi registado no tratamento T_1 (28,15 cm).

1.4.3. Circunferência do cacho

As observações sobre a "circunferência média do cacho" são apresentadas no quadro 10. Foram registadas diferenças estatisticamente significativas entre os tratamentos durante a época I e a época II. Na época I (época das chuvas), o perímetro máximo do cacho (40,85 cm) foi registado no tratamento T_1, que foi significativamente mais elevado do que os outros tratamentos. Na época II (época de verão), a circunferência máxima do cacho (43,77 cm) foi registada no tratamento T_2, que foi significativamente superior aos restantes tratamentos. Seguiu-se o T3 (42,98 cm) e o mínimo foi registado no tratamento T4 (36,85 cm).

Tabela 10. Efeito dos tratamentos de poda no comprimento do cacho (cm) e na circunferência do cacho (cm) em uvas cv. Red Globe.

Tratamentos	Comprimento do cacho		Circunferência do cacho	
	Estação I (Estação das chuvas)	Temporada II (Temporada de verão)	Estação I (Estação das chuvas)	Temporada II (Temporada de verão)
Ti	28.20	28.15	40.85	40.85
T2	27.62	31.05	39.07	43.77
T3	26.50	30.05	38.75	42.98
T4	28.40	31.25	37.01	36.85
S.Ed	0.04	0.06	0.07	0.13
CD (0,05%)	0.08	0.13	0.15	0.29

1.4.4. Peso médio do cacho

As observações sobre o "peso médio do cacho" são apresentadas no quadro 11. Foram registadas diferenças estatisticamente significativas entre os tratamentos durante a estação das chuvas e as colheitas de verão.

Na estação das chuvas, o peso máximo do cacho (749,92 g) foi registado no T4 seguido do T2 (719,46 g). O peso mínimo do cacho (601,96 g) foi registado no tratamento T3.

No caso da cultura de verão, o tratamento T4 registou o peso máximo do cacho (809,81 g) e foi significativamente superior aos restantes tratamentos. Seguiu-se o tratamento T1 (776,97 g) e o peso mínimo do cacho (642,40 g) foi registado no tratamento T3.

O valor calculado para o peso médio do cacho de ambas as estações (estação I + estação II) mostrou diferenças significativas entre os tratamentos. O tratamento T4 registou o peso médio máximo do cacho (779,86 g), seguido do T1 (727,09 g), que está a par do T2 (722,48 g) e o mínimo foi registado no T3 (622,18 g).

Tabela 11. Efeito dos tratamentos de poda no peso médio do cacho (g) em uvas cv. Globo Vermelho.

Tratamentos	Peso médio do cacho		Peso médio dos cachos de ambas as épocas
	Estação I (Estação das chuvas)	Temporada II (Temporada de verão)	Temporada I e Temporada II
T1	677.22	776.97	727.09
T2	719.46	725.51	722.48
T3	601.96	642.40	622.18
T4	749.92	809.81	779.86
S.Ed	2.72	3.09	-
CD (0,05%)	5.93	6.74	-

1.4.5. Rendimento por videira

As observações sobre o "rendimento por videira" são apresentadas no quadro 12. Foram registadas diferenças estatisticamente significativas entre os tratamentos em ambas as épocas.

Durante a primeira estação (estação das chuvas), o rendimento máximo por videira (18,85 kg/vinha) foi registado no tratamento T2 seguido do T4 (15,79 kg/vinha). O rendimento mínimo por videira (8,30 kg/vinha) foi registado no tratamento T1.

Durante a segunda época (colheita de verão), o tratamento T1 registou o rendimento máximo por videira (24,86 kg/vinha) que foi significativamente superior aos restantes tratamentos e foi seguido pelo T4 (22,41 kg/vinha). O rendimento mínimo por videira (11,24 kg/vinha) foi observado no tratamento T2.

1.4.6. Rendimento por videira por ano (rendimento acumulado/vinha)

As observações sobre o "rendimento por videira por ano" são apresentadas no quadro 12. Foram registadas diferenças estatisticamente significativas entre os tratamentos em ambas as épocas e calculadas como rendimento por videira por ano.

Entre os tratamentos, o T4 registou o máximo rendimento/vinha/ano (38,20 kg/vinha/ano) seguido do T3 (34,01 kg/vinha/ano) e o mínimo (30,09 kg/vinha/ano) foi observado no tratamento T2.

Quadro 12. Efeito dos tratamentos de poda no rendimento por videira (kg/vinha) e no rendimento acumulado por videira em uvas cv. Red Globe.

Tratamentos	Rendimento/vinha		Rendimento acumulado/vinha
	Estação I (Estação das chuvas)	Temporada II (Temporada de verão)	Temporada I + Temporada II
Ti	8.30	24.86	33.16
T2	18.85	11.24	30.09
T3	13.77	20.24	34.01
T4	15.79	22.41	38.20
S.Ed	0.19	0.25	-
CD (0,05%)	0.41	0.55	-

1.4.7. Número de bagas por cacho

As observações sobre o "número de bagas por cacho" são apresentadas no quadro 13. Foram registadas diferenças estatisticamente significativas entre os tratamentos em ambas as épocas.

Na primeira estação (estação das chuvas), entre os tratamentos, o tratamento T4 registou o número máximo de bagas por cacho (178,70) seguido do tratamento T2 (176,40). O número mínimo de bagas por cacho (168,80) foi registado no tratamento T3.

Na segunda estação (safra de verão), o número máximo de bagas por cacho (206,40) foi observado no tratamento T4 e seguido pelo tratamento T3 (197,40). O número mínimo de bagas por cacho (188,20) foi registado no tratamento T2.

1.4.8. Peso médio dos bagos

As observações sobre o "peso médio dos bagos" são apresentadas no quadro 13. Foram registadas diferenças estatisticamente significativas entre os tratamentos, tanto na estação das chuvas como no verão.

Durante a primeira estação (estação das chuvas), o peso máximo dos bagos (8,04 g) foi registado no tratamento T4 seguido do tratamento T3 (7,40 g). O peso mínimo dos bagos (7,04 g) foi registado no tratamento T2.

No caso da segunda época (colheita de verão), o tratamento T4 (9,34 g) registou o peso máximo dos bagos e foi significativamente superior aos restantes tratamentos. Seguiu-se o tratamento Ti (9,10 g) e o mínimo (8,93 g) foi registado no tratamento T3.

Tabela 13. Efeito dos tratamentos de poda no número de bagos/cacho e no peso médio dos bagos (g) em uvas cv. Red Globe.

Tratamentos	Número de bagas/cacho		Peso médio dos bagos	
	Estação I (Estação das chuvas)	Temporada II (Temporada de verão)	Estação I (Estação das chuvas)	Temporada II (Temporada de verão)
Ti	170.80	192.60	7.28	9.10
T2	176.40	188.20	7.04	9.03
T3	168.80	197.40	7.40	8.93
T4	178.70	206.40	8.04	9.34
S.Ed	0.20	0.33	0.02	0.01
CD (0,05%)	0.43	0.72	0.04	0.02

1.4.9. Diâmetro médio dos bagos

As observações sobre o "diâmetro médio dos bagos" são apresentadas no quadro 14. Foram registadas diferenças estatisticamente significativas entre os tratamentos durante a época I e a época II.

Na primeira época (época das chuvas), entre os tratamentos, o tratamento T4 registou o diâmetro máximo dos bagos (23,14 mm) seguido do Ti (22,64 mm) e o mínimo (21,92 mm) foi registado no tratamento T2.

Durante a segunda estação (safra de verão), o tratamento T4 registrou o diâmetro máximo de baga (24,84 mm), que foi significativamente superior ao resto dos tratamentos e foi seguido por T2 (24,79 mm). O diâmetro mínimo dos bagos (24,05 mm) foi observado no tratamento Ti.

1.4.10. Volume de bagas

As observações sobre o "volume médio dos bagos" são apresentadas no quadro 14. Não se registam diferenças significativas entre os tratamentos em ambas as estações (estação das chuvas e estação do verão).

Durante a primeira estação (estação das chuvas), o volume máximo de bagas (7,79 cm^3) foi registado no tratamento T4, seguido do tratamento T3 (7,30 cm^3). O volume mínimo de bagas (6,92 cm^3) foi registado no tratamento T2.

No caso da segunda época (colheita de verão), o tratamento T4 (8,34 cm^3) registou o volume máximo de bagas em relação aos restantes tratamentos. Seguiu-se o Ti (8,32 cm^3) e o mínimo (8,14 cm^3) foi registado no tratamento T3.

Tabela 14. Efeito dos tratamentos de poda no diâmetro do bago (mm) e no volume do bago (cm^3) em uvas cv. Red Globe.

Tratamentos	Diâmetro médio dos bagos		Volume médio dos bagos	
	Estação I (Estação das chuvas)	Temporada II (Temporada de verão)	Estação I (Estação das chuvas)	Temporada II (Temporada de verão)
Ti	22.64	24.05	7.14	8.32
T2	21.92	24.79	6.92	8.14
T3	22.24	24.38	7.30	8.31
T4	23.14	24.84	7.79	8.34
S.Ed	0.02	0.02	0.01	0.03
CD (0,05%)	0.05	0.03	NS	NS

1.5. Efeito dos níveis de poda nos parâmetros de qualidade

Foram registadas as observações relativas aos "parâmetros de qualidade", *nomeadamente* sólidos solúveis totais, acidez titulável, relação SST/ácido, açúcares redutores, açúcares não redutores, açúcares totais e relação açúcar/ácido. Estas observações foram analisadas estatisticamente e os resultados foram apresentados em quadros.

1.5.1. Sólidos solúveis totais

Durante a estação das chuvas, os 'sólidos solúveis totais' diferiram significativamente entre os tratamentos. O máximo de sólidos solúveis totais (16,25^0 Brix) foi registado no tratamento T1, seguido do T4 (15,95^0 Brix) e o mínimo (15,15^0 Brix) foi observado no T2 (Quadro 15).

Na safra de verão, os 'sólidos solúveis totais' não apresentaram diferenças significativas entre os tratamentos. Entre os tratamentos, T2 observou o máximo de sólidos solúveis totais (17,82^0 Brix), seguido por T4 (17,67^0 Brix) e o mínimo (17,55^0 Brix) foi registado em T1 (Tabela 14).

1.5.2. Acidez Titulável

As observações sobre a "acidez titulável" nos frutos são apresentadas no quadro 15. Estatisticamente, não se registaram diferenças significativas entre os tratamentos em ambas as estações.

Durante a primeira estação (estação das chuvas), o tratamento T1 registou o menor teor de acidez (0,51 por cento) seguido do T4 (0,52 por cento) e a acidez titulável máxima (0,62 por cento) foi registada no tratamento T2.

No caso da segunda estação (colheita de verão), o tratamento T2 apresentou o teor mínimo de acidez (0,49 por cento) seguido do tratamento T4 (0,50 por cento). O teor máximo de acidez (0,56%) foi registado no tratamento T1.

1.5.3. Rácio TSS:ácido

As observações sobre o "rácio SST: ácido" foram calculadas e apresentadas no quadro 15. Foram registadas diferenças estatisticamente significativas entre os tratamentos em ambas as estações.

Durante a primeira estação (estação das chuvas), o rácio máximo de TSS:ácido (31,60) foi observado em T1 seguido de T4 (29,33) e o mínimo (25,54) foi registado no tratamento T2.

Durante a segunda estação (colheita de verão), o rácio máximo TSS:ácido (35,95) foi observado em T2 seguido de T4 (35,03) e o mínimo (31,16) foi observado no tratamento T1.

Tabela 15. Efeito dos tratamentos de poda no SST (^{0} Brix), na acidez titulável (por cento) e na relação SST: acidez em uvas cv. Red Globe.

Tratamentos	TSS		Acidez titulável		TSS : rácio de acidez	
	Estação I (Estação das chuvas)	Temporada II (Temporada de verão)	Estação I (Estação das chuvas)	Temporada II (Temporada de verão)	Estação I (Estação das chuvas)	Temporada II (Temporada de verão)
T1	16.25	17.55	0.51	0.56	31.60	31.16
T2	15.15	17.82	0.62	0.49	25.54	35.95
T3	15.37	17.58	0.56	0.52	26.87	33.47
T4	15.95	17.67	0.52	0.50	29.33	35.03
S.Ed	0.02	0.01	0.02	0.01	0.11	0.09
CD (0,05%)	0.05	NS	NS	NS	0.25	0.19

1.5.4. Reduzir os açúcares

As observações sobre os "açúcares redutores" nos frutos são apresentadas no quadro 16. Foram registadas diferenças estatisticamente significativas entre os tratamentos em ambas as estações.

Durante a primeira estação (estação das chuvas), o tratamento T4 registou a percentagem máxima de açúcares redutores (13,93 por cento) seguido do T1 (13,82 por cento). Os açúcares redutores mínimos (13,10 por cento) foram registados no tratamento T3.

Durante a segunda estação (safra de verão), também prevaleceu uma tendência semelhante à da estação chuvosa. O tratamento T4 registou o teor máximo de açúcar redutor (15,65 por cento) seguido do T2 (15,05 por cento) e o mínimo (14,85 por cento) foi observado no tratamento T1.

1.5.5. Açúcares não redutores

As observações sobre os "açúcares não redutores" nos frutos são apresentadas no quadro 16. Foram registadas diferenças estatisticamente significativas entre os tratamentos em ambas as estações.

Durante a primeira estação (estação das chuvas), entre os tratamentos, o T3 registou o teor mais elevado de açúcar não redutor (1,85 por cento), seguido do T2 (1,49 por cento) e o mais baixo (1,04 por cento) foi apresentado pelo tratamento T1.

Durante a segunda época (colheita de verão), também se registou uma tendência semelhante à da primeira época. T3, entre os níveis de poda, registou os açúcares não redutores mais elevados (1,91 por cento) seguido de T4 (1,59 por cento) e o mínimo (1,40 por cento) foi registado no tratamento T2.

Tabela 16. Efeito dos tratamentos de poda no teor de açúcares redutores e não redutores (%) em uvas cv. Red Globe.

Tratamentos	Reduzir os açúcares		Açúcares não redutores	
	Estação I (Estação das chuvas)	Temporada II (Temporada de verão)	Estação I (Estação das chuvas)	Temporada II (Temporada de verão)
Ti	13.82	14.85	1.04	1.43
T2	13.55	15.05	1.49	1.40
T3	13.10	14.97	1.85	1.91
T4	13.93	15.65	1.33	1.59
S.Ed	0.02	0.01	0.01	0.01
CD (0,05%)	0.03	0.03	0.03	0.02

1.5.6. Açúcares totais

As observações sobre os "açúcares totais" nos frutos são apresentadas no quadro 17. Foram registadas diferenças estatisticamente significativas entre os tratamentos em ambas as estações.

Na primeira estação (estação das chuvas), o tratamento T4 registou o máximo de açúcares totais (15,26 por cento) seguido do T2 (15,04 por cento) e o mínimo (14,86 por cento) foi registado no tratamento Ti.

Durante a segunda época (colheita de verão), o tratamento T4 apresentou a percentagem máxima de açúcares totais (17,24%) seguido de T3 (16,88%) e o mínimo de açúcares totais (16,28%) foi observado no tratamento Ti.

1.5.7. Rácio açúcar-ácido

As observações do 'rácio açúcar-ácido' são apresentadas no quadro 17. Foram registadas diferenças estatisticamente significativas entre os tratamentos em ambas as estações.

Na primeira estação (estação das chuvas), entre os tratamentos, o T4 registou o rácio açúcar/ácido mais elevado (30,11) seguido do Ti (28,89). A relação açúcar/ácido mínima (24,08) foi registada no tratamento T2.

Na segunda época (colheita de verão), o tratamento T4 registou o rácio açúcar-ácido mais elevado (34,17) seguido do T2 (33,60) e o mínimo (28,90) foi registado no tratamento T1.

Quadro 17. Efeito dos tratamentos de poda no teor de açúcar total (%) e na relação açúcar/ácido das uvas cv. Red Globe.

Tratamentos	Açúcares totais		Rácio açúcar-ácido	
	Estação I (Estação das chuvas)	Temporada II (Temporada de verão)	Estação I (Estação das chuvas)	Temporada II (Temporada de verão)
T1	14.86	16.28	28.89	28.90
T2	15.04	16.45	24.08	33.60
T3	14.95	16.88	26.50	32.12
T4	15.26	17.24	30.11	34.17
S.Ed	0.01	0.02	0.11	0.10
CD (0,05%)	0.02	0.04	0.25	0.22

5. DISCUSSÃO

O clima tropical predominante em Tamil Nadu é propício a certas variedades de uvas, sendo possível obter duas colheitas num ano e, em certas partes de Tamil Nadu, até mesmo cinco colheitas num período de dois anos (Rao, 1969). Nestas vinhas, é essencial encontrar um equilíbrio entre o vigor e a capacidade de produzir cachos de óptima qualidade e rendimento. Caso contrário, as videiras ficam exaustas, o que resulta em cachos de má qualidade, e tornam-se cada vez mais susceptíveis a pragas e doenças. Velu (2001) padronizou as práticas de gestão da copa para a cultivar predominantemente cultivada. Muscat e recomendou a poda de 67% das canas até ao nível de 5 gomos e 33% das canas até ao nível de 2 gomos como o melhor tratamento para uma produção elevada e qualidade dos cachos. Recentemente, a variedade exótica "Red Globe", que tem um preço elevado no mercado, está a tornar-se popular entre os viticultores de Tamil Nadu, mas não existe informação sobre se é adequada para a estação das chuvas ou para o verão ou para ambas as estações. No presente estudo, tentou-se orientar a cultura exclusivamente para a estação das chuvas ou para a estação do verão, bem como para ambas as estações, estabelecendo um equilíbrio entre vigor e capacidade através da regulação das intensidades de poda.

Red Globe", a próxima variedade

As videiras têm um vigor moderado, mas tendem a produzir um maior número de cachos com tamanhos variáveis. Por conseguinte, o tamanho ótimo da copa e o número de cachos por videira devem ser mantidos para obter uma melhor qualidade dos frutos. Os bagos são muito arrojados, de forma esférica, com poucas sementes moles. A polpa é muito firme e carnuda; a casca é de cor vermelha clara, muitas vezes descascável. Os bagos são atractivos quando adquirem a cor vermelho-vinho e atingem um preço elevado no mercado. Tem um elevado potencial de exportação. Por conseguinte, qualquer tecnologia desenvolvida para manter o equilíbrio entre o vigor e a capacidade das videiras, concomitantemente com a qualidade dos cachos, será uma bênção para os viticultores de Tamil Nadu.

Níveis de poda

No presente estudo, foram adoptados quatro níveis de poda diferentes. No primeiro tratamento, todos os rebentos foram podados ao nível de dois gomos, de modo a incentivar o crescimento vegetativo durante a estação das chuvas e, na estação seguinte, foram podados ao nível de 5-6 gomos para produzir a cultura de verão. O segundo tratamento foi o inverso do primeiro, em que todos os rebentos foram podados ao nível de 5-6 gomos, com o objetivo de produzir a colheita da estação das chuvas e, durante a estação do verão, todos os rebentos foram podados ao nível de dois gomos, para o crescimento vegetativo. O terceiro e quarto tratamentos tinham como objetivo obter colheitas durante ambas as estações; contudo, o nível de poda variou de 33% a 50% para encorajar o crescimento vegetativo. Em geral, uma poda de cinco gomos é recomendada para a frutificação de uvas 'Muscat' em Tamil Nadu (Balakrishnan e Rao, 1963 e Chadha e Kumar, 1970). No entanto, no presente estudo, verificou-se que as canas podadas ao nível de dois gomos nem sempre resultam em crescimento vegetativo e, em certos casos, resultam frequentemente na produção de cachos. Isto indica o potencial desta variedade para ter gomos frutíferos mesmo em nós mais baixos do que outras variedades. A avaliação da frutificação em diferentes níveis de gemas após a poda neste estudo revelou que todos os nós são frutíferos desde 2nd até 6th nível de gemas. No entanto, foi obtida uma maior percentagem de cachos ao nível dos gomos 5th e 6th .

O facto de o gomo do fruto ter surgido em vários nós é uma boa indicação de que esta variedade pode produzir normalmente nas condições tropicais de algumas partes de Tamil Nadu.

5.1. Efeito dos níveis de poda nos caracteres de crescimento

O 'Número de dias para a brotação dos brotos' após a poda foi considerado como o primeiro critério neste estudo. Durante a estação chuvosa, T1 levou o menor número de dias para o brotamento e T2 levou o menor número de dias durante a safra de verão (Fig. 2). Este era um fenómeno esperado, uma vez que em ambos os tratamentos foi feita uma poda de 100% para o crescimento vegetativo durante essa estação, o que poderia ter levado a uma brotação mais precoce dos gomos que, após a poda, foi menor o 'número de dias necessários para a brotação', como também foi observado em estudos anteriores (Daniel e Rao, 1969; Godara *et al.*, 1977; Palma *et al.*, 2000 e Velu, 2001).

O outro traço de crescimento, nomeadamente o 'comprimento do rebento' registado em várias fases, nomeadamente 5th , 10th e 15th fases da folha em ambas as estações, também mostrou que, se a poda for severa, maior será o comprimento do rebento (Fig. 6). Isto também foi confirmado em muitos dos estudos anteriores (Shinde e Rane, 1979; Edson *et al.*, 1993; Salem *et al.*, 1997; Lopes *et al.*, 2000; Velu, 2001 e Somkuwar e Ramteke, 2006).

Do mesmo modo, a "área foliar" registada na fase de iniciação do cacho em ambas as estações indicou uma maior produção de folhas no verão, independentemente dos níveis de poda, do que na estação das chuvas. No entanto, comparando o efeito dos níveis de poda na produção de folhas, nota-se uma resposta diferente. A poda de 50% das canas para o crescimento vegetativo e de 50% das canas para a produção vegetal resultou numa maior produção de folhas em termos de área foliar total por rebento (Fig. 5). Resultados semelhantes foram obtidos anteriormente por Edson *et al.* (1993), Gicheol e Chool (1999), Velu (2001) e Chougule (2004).

Os resultados acima indicaram que o vigor para o crescimento vegetativo foi grandemente influenciado pelas reservas no tronco e nas canas deixadas após a poda. Um nível de poda equilibrado tende a distribuir as reservas por mais pontos de crescimento e, por conseguinte, a diminuir a área foliar e o comprimento dos rebentos.

Outro critério para avaliar o vigor é o comprimento dos entrenós e o diâmetro das canas das uvas. Numa vinha bem cuidada, sabe-se que as videiras com canas mais grossas e entrenós mais curtos dão uma boa colheita, pois reflectem um vigor ótimo das videiras (Ghugare e Mukherjee, 1967; Rangareddy, 1996; Hulamani *et al.*, 1967; Somkuwar e Ramteke, 2006 e Chalak, 2008). Neste estudo, o tratamento T4 tinha canas bastante mais grossas em ambas as estações do que T2 e T1, respetivamente, com o objetivo de obter colheitas durante o verão e a estação das chuvas. Além disso, o seu comprimento internodal também foi bastante mais curto do que T2 e T1 (Fig. 7 e 8).

Entre T3 e T4, o menor vigor foi expresso em T3, o que pode ser atribuído à competição por metabólitos por uma maior percentagem de canas frutíferas devido à influência de sumidouros em comparação com esporões de renovação (Chadha e Shikhamany, 1999).

O "peso do material podado" nas uvas é uma medida indireta do vigor, representando o crescimento realizado durante a época anterior. No presente estudo, o peso do material podado foi mais elevado em T1 durante a primeira época e em T2 durante a segunda época (Fig. 1). Isto era de esperar, pois nestes dois tratamentos foi efectuada uma poda de 100% ao nível dos 2 gomos. Entre T3 e T4, o tratamento T4 teve um peso de poda mais elevado em ambas as épocas, o que era de esperar, uma vez que a severidade foi maior em T4. Observações semelhantes foram feitas em vários estudos anteriores também por outros trabalhadores (Joon e Singh, 1983; Morris *et al.*, 1985 e Kilby, 1999).

5.2. Efeito dos tratamentos de poda no estado nutricional da videira

A frutificação é um processo exaustivo e uma carga de cultura pesada leva geralmente ao esgotamento das reservas de nutrientes da videira, resultando numa senilidade precoce. Neste contexto, procedeu-se à análise do pecíolo da videira para os principais nutrientes (azoto, fósforo e potássio).

Entre os níveis de poda, a poda de 50% das canas para o crescimento vegetativo e os restantes 50% das canas para a produção vegetal mantiveram um melhor estado nutricional do pecíolo em relação ao azoto total, fósforo total e potássio total (Fig. 9) na altura da floração em ambas as estações, quando comparado com os outros níveis de poda. A poda de todas as canas ao nível de 5-6 gomos na época de verão (T1) e a poda de todas as canas ao nível de 5-6 gomos na época das chuvas (T2) apresentaram um nível mais baixo de nutrientes no pecíolo devido a um número relativamente maior de cachos por videira, competindo pela extração de mais nutrientes para o desenvolvimento dos cachos. Esta constatação foi fortemente apoiada pelos resultados de Ahlawat e Yamdagni (1991); Arora *et al.* (1991) e Jeet Ram *et al.* (1993) que indicam uma maior depleção de nutrientes devido à carga pesada de cachos.

5.3. Efeito dos níveis de poda nos parâmetros fisiológicos

O teor de clorofila foliar, fator chave na determinação da taxa de fotossíntese, é considerado como um índice da eficiência metabólica das plantas. Este pigmento, responsável pelo aproveitamento da energia solar e pela sua conversão em energia química, apresenta um padrão diferencial de acumulação em resposta a diferentes níveis de poda efectuados durante as estações das chuvas e do verão. Uma ligeira flutuação do teor de clorofila é suficiente para desencadear alterações nos processos fisiológicos das plantas, nomeadamente na fotossíntese.

Entre os tratamentos, as canas podadas a 50% para crescimento vegetativo e os restantes 50% para produção vegetal registaram os teores máximos de clorofila a, clorofila b e clorofila total (Fig. 10). Este crescimento vegetativo desenvolvido a partir de 50% dos rebentos retidos para o nível de dois gomos pode ter produzido fotossintatos suficientes através do aumento do teor de clorofila nestas videiras. O teor de clorofila durante o verão foi significativamente mais elevado do que na estação das chuvas. Isto pode dever-se à prevalência de temperaturas elevadas, mais horas de sol e menos humidade relativa, o que pode ter favorecido a síntese de mais clorofila durante o verão do que na estação das chuvas. Resultados semelhantes foram observados por Slavtcheva *et al.* (1997) e Kumar (1999) na cultivar de uva 'Bangalore Blue'.

A disponibilidade de crescimento vegetativo suficiente nestas videiras com um teor de clorofila mais elevado devido à poda de 50% dos rebentos para o crescimento vegetativo e dos restantes 50% dos rebentos para a produção da cultura pode ter acelerado a eficiência fotossintética da cultura, o que também se reflectiu em termos de um teor mais elevado de hidratos de carbono totais em ambas as épocas (Fig. 11). A translocação eficiente de hidratos de carbono para os cachos em desenvolvimento também conduz a rendimentos mais elevados. Resultados semelhantes foram obtidos anteriormente por Bernstein e Klein (1957) na uva var. Chasselas Dore.

5.4. Efeito dos níveis de poda no rendimento e nos caracteres do cacho

Imediatamente após a poda, numa cana de frutificação, o nível adequado de gemas tende normalmente a produzir novos rebentos e os rebentos começam a florescer. Uma floração precoce conduz a uma colheita precoce. Do mesmo modo, uma vez observado o botão floral, o tempo necessário para atingir a maturidade é também um carácter importante. Neste estudo, estes dois caracteres, embora estatisticamente diferentes entre os tratamentos, praticamente não mostraram grande variação (Fig. 3 e 4). A floração e a maturação das uvas dependem também de factores climáticos, para além do potencial intrínseco das videiras. Os resultados estão em conformidade com os resultados de um estudo anterior (Godara *et al.*, 1977).

O rendimento das uvas é um fator multiplicativo do número de cachos por videira e do peso médio dos cachos. O número de cachos por videira no presente estudo mostrou uma grande diferença entre os tratamentos em ambas as épocas, indicando a influência dos tratamentos experimentados neste estudo. Durante a primeira época, T_2 produziu um maior número de cachos por videira (Fig. 12), o que é normalmente esperado, uma vez que todas as canas disponíveis foram podadas ao nível dos gomos frutíferos e nenhuma cana foi deixada para crescimento vegetativo. No caso do T1, embora as canas tenham sido podadas ao nível de dois gomos, foi capaz de produzir um número considerável de cachos por videira, indicando o potencial de gomos frutíferos, mesmo no nível mais baixo de gomos, nomeadamente ao nível de 2-5 gomos (Joon e Singh, 1983 e Thatai *et al.*, 1987). Entre T3 e T4, embora tenham sido registadas diferenças estatísticas, o rendimento registado nestes dois tratamentos mostrou valores inferiores aos do tratamento T2 (Fig. 16).

Durante a segunda época, o T1 produziu o maior número de cachos por videira e o T2 o menor. Este facto era esperado devido aos diferentes métodos de poda adoptados. Entre T3 e T4, o tratamento T3 produziu o número máximo de cachos por videira, o que é normalmente esperado, uma vez que tinha uma maior percentagem de canas com botões de fruto do que T4. A possível redução do número de cachos por videira no tratamento T4 pode ser explicada pela redução do número de canas frutíferas. Isto também foi observado em estudos anteriores (Singh e Kumar, 1980; Reddy, 1982; Singh *et al.*, 1983; Tomer, 1994; Lopes *et al.*, 2000 e Chougule, 2004).

Outra observação crítica entre as estações chuvosa e estival é que todos os tratamentos, exceto o T2, tiveram um número relativamente maior de cachos durante a estação estival. Este facto pode ser atribuído ao crescimento vigoroso, à maior capacidade fotossintética e à melhor eficiência de divisão da cultura em resposta às variações climáticas que prevalecem durante a estação do verão. Entre os tratamentos, T3 e T4 apresentaram maior número de cachos por videira por ano em comparação com T1 e T2 (Fig. 12).

Para além do número de cachos, o peso do cacho é também muito importante e determina o valor de mercado do produto. No presente estudo, entre os diferentes tratamentos, o T4 pode ser considerado o melhor, uma vez que produziu o peso máximo do cacho em ambas as épocas (Fig. 15). Isto indica que os fotossintatos disponíveis nesta cultura (fonte) foram capazes de suportar os cachos em desenvolvimento (sumidouro) de uma forma eficiente.

Para além do tamanho dos cachos, outros caracteres do cacho, nomeadamente o número de bagos por cacho, o diâmetro dos bagos e o peso dos bagos, são caraterísticas importantes que determinam a aparência no mercado. No presente estudo, entre os diferentes tratamentos, o T4 pode ser considerado o melhor, pois produziu mais bagas por cacho, diâmetro e peso das bagas em ambas as épocas (Fig. 13, 17 e 18). Isto pode ser explicado pelo facto de as videiras terem tido um crescimento vegetativo suficiente e, por conseguinte, quaisquer metabolitos que tenham sido produzidos nestas, foram desviados para os cachos, resultando num maior número de bagos de bom tamanho. O aumento do peso dos bagos pode ser o resultado da acumulação de mais sólidos solúveis (Chadha e Kumar, 1970; Kumar e Tomer, 1978; Dhillon *et al.*, 1998; Ranpise *et al.*, 2002 e Somkuwar e Ramteke, 2006).

Em geral, os consumidores esperam que as uvas estejam disponíveis durante todo o ano, mas a caraterística inerente à uva é que só está disponível durante uma estação, o verão, *ou seja*, de maio a junho. Em Tamil Nadu, por outro lado, devido ao clima tropical, podem obter-se duas colheitas, uma durante a estação das chuvas (outubro-novembro) e outra durante a estação do verão (maio-junho). No presente estudo, o desempenho da 'Red Globe' na época I e na época II mostrou que o tratamento T4 (poda de 50% das canas para o crescimento vegetativo e 50% das canas para o rendimento da colheita) é mais adequado para obter duas colheitas e para aumentar o rendimento total por ano (rendimento acumulado). Estas videiras são capazes de sintetizar hidratos de carbono suficientes para fornecer aos cachos em desenvolvimento e também translocar para as canas e outras partes das videiras para as manter em vigor adequado. Também se observou neste estudo que, mesmo depois da colheita, as folhas permaneciam verdes durante 30-40 dias após a colheita, o que poderia ter ajudado a enriquecer os materiais alimentares armazenados para obter a consequente colheita na estação seguinte.

5.5. Efeito dos tratamentos de poda nos parâmetros de qualidade

Numa cultura frutícola como a uva, também uma variedade de mesa como a "Red Globe", mais do que o rendimento, a qualidade do cacho é muito importante para obter melhores preços no mercado. A qualidade é geralmente avaliada por componentes químicos como os sólidos solúveis totais, a acidez, os açúcares e a relação açúcar-ácido, etc.

No presente estudo, invariavelmente, as videiras severamente podadas produziram cachos com maior TSS, TSS: relação ácido e menor acidez em ambas as épocas do que as videiras menos severamente podadas (Fig. 19). Isto indica claramente que a carga da cultura tem um efeito negativo na qualidade dos cachos e que temos de regular a carga da cultura para produzir cachos de qualidade. A razão para o elevado TSS e a relação TSS/ácido nas videiras severamente podadas pode dever-se a uma menor competição por metabolitos, entre o número limitado de cachos por videira, à disponibilidade de mais fotossintatos, consequente a um melhor vigor e às actividades fisiológicas induzidas nas videiras. Os ácidos predominantes nas uvas, *nomeadamente* os ácidos málico e tartárico, são sintetizados nas folhas. Estes ácidos são translocados das folhas para o cacho. Este maior quantum de ácidos pode ter-se depositado no cacho durante o desenvolvimento, o que resultou numa maior acidez em tratamentos de poda menos intensivos (Singh e Kumar, 1980; Joon e Singh, 1983; Brar *et al.*, 1986; Sehrawat *et al.*, 1998; Chougule, 2004 e Somkuwar e Ramteke, 2007).

Os dados relativos aos açúcares, tais como os açúcares redutores, não redutores e totais, estão representados graficamente na Fig. 20. Entre os tratamentos, T4 registou a percentagem máxima de açúcares redutores, açúcares totais e relação açúcar-ácido em ambas as épocas. A razão para a acumulação de um elevado teor de açúcares redutores e totais na poda equilibrada do crescimento vegetativo e reprodutivo pode dever-se a uma menor competição de metabolitos, a um número limitado de cachos por videira, à disponibilidade de mais fotossintatos em consequência de um melhor vigor e à atividade fisiológica induzida nos mesmos, onde a relação fonte-dreno foi bem equilibrada. Estes resultados estão de acordo com resultados anteriores semelhantes (Mohanakumaran *et al.* 1964 e Singh e Kumar, 1980).

6. **RESUMO**

Foi realizada uma experiência de campo sobre "Estudos sobre a época e a intensidade da poda no crescimento, rendimento e qualidade das uvas cv. Red Globe" no Pomar Universitário, Faculdade de Horticultura e Instituto de Investigação, TNAU, Coimbatore, para estudar o efeito de quatro níveis de poda, a *saber* T1- Poda de todas as canas ao nível de 2 gomos para o crescimento vegetativo na estação das chuvas e ao nível de 5-6 gomos para a cultura de verão, T2- Poda de todas as canas ao nível de 5-6 gomos para a cultura da estação das chuvas e ao nível de 2 gomos para o crescimento vegetativo na estação de verão, T3- Poda de $1/3^{rd}$ ou 33% das canas para o crescimento vegetativo e $2/3^{rd}$ ou 67% das canas para a produção da cultura durante junho e janeiro, T4- Poda de 50% das canas para o crescimento vegetativo e 50% das canas para a produção da cultura durante junho e janeiro no crescimento, produção e qualidade. As principais caraterísticas desta experiência são resumidas neste capítulo.

• Os níveis de poda afectaram o peso do material podado. Os tratamentos T1 durante a estação das chuvas e T2 durante a estação do verão registaram o peso máximo do material podado.

• O número de dias para a brotação de botões, floração e "floração até a última colheita" foi significativamente influenciado pelos níveis de poda em ambas as estações. Durante a estação chuvosa, T1 levou o mínimo de dias, enquanto que na estação do verão, T2 levou o mínimo de dias para a brotação de botões, floração e floração até a última colheita.

• O comprimento do rebento registado nos estádios foliares 5th , 10th e 15th foi significativamente influenciado pelos níveis de poda em ambas as estações. Durante a estação chuvosa, os tratamentos T1 e durante a estação de verão, T2 registaram o comprimento máximo de rebentos nas fases de 5th , 10th e 15th folhas.

• A área foliar total por rebento foi significativamente influenciada pelos níveis de poda e o tratamento T4 registou a área foliar total máxima por rebento em ambas as épocas.

• Os níveis de poda afectaram o diâmetro médio da cana em ambas as épocas. Entre os tratamentos, o tratamento T4 registou o diâmetro máximo da cana em ambas as épocas estações.

• O comprimento internodal registado entre as posições nodais 4th - 5th e 5th - 6th foi significativamente influenciado pelos níveis de poda em ambas as estações. O tratamento T4 registou o comprimento internodal mínimo em ambas as épocas.

• O teor de nutrientes no pecíolo das plantas foi influenciado pelos níveis de poda e o tratamento T4 registou os teores máximos de NPK no pecíolo em ambas as épocas.

• Os níveis de poda influenciaram significativamente os teores de clorofila 'a' e 'b'. Entre os tratamentos, o T4 registou os teores máximos de clorofila 'a' e 'b' em ambas as estações.

• Os níveis de poda afectaram significativamente os teores de clorofila total e de hidratos de carbono totais. O tratamento T4, entre os diferentes níveis de poda, apresentou os teores máximos de clorofila total e de hidratos de carbono totais em ambas as épocas.

* O número de cachos por videira foi fortemente influenciado pelos níveis de poda. Durante a estação das chuvas, o tratamento T_2 e durante a estação do verão, o tratamento T_1 registou o número máximo de cachos por videira.

* O comprimento do cacho foi significativamente influenciado pelos níveis de poda e o tratamento T4 registou o comprimento máximo do cacho nas colheitas da estação das chuvas e do verão.

* O perímetro do cacho foi significativamente influenciado pelos níveis de poda. Durante a estação das chuvas, T_1 e durante a estação do verão, T_2 registaram a circunferência máxima do cacho.

* O peso médio dos cachos foi fortemente afetado pelos níveis de poda e entre tratamentos; o T4 registou o peso médio máximo dos cachos em ambas as épocas.

* Os níveis de poda tiveram um efeito pronunciado no rendimento por videira por estação e no rendimento acumulado por ano. Durante a colheita da estação das chuvas, T_2, na colheita da estação do verão, T_1 registou o rendimento máximo por videira, mas para o rendimento acumulado, foi T4 entre os tratamentos que registou o rendimento máximo por videira, seguido de T3 .

* Em geral, o número de bagas por cacho, o peso médio das bagas, o diâmetro médio das bagas e o volume das bagas foram mais elevados no nível de poda T4 em ambas as épocas.

* Durante a estação das chuvas, os tratamentos T_1 e no verão T_2 registaram o máximo de SST, SST: rácio de acidez e menor acidez titulável.

* Os níveis de poda afectaram significativamente os açúcares redutores e não redutores em ambas as estações. Entre os tratamentos, o T4 registou o máximo de açúcares redutores em ambas as épocas, enquanto que, em relação aos açúcares não redutores, foi o T3 que registou o valor mais elevado.

* Os níveis de poda afectaram significativamente os açúcares totais e a relação açúcar-ácido. O tratamento T4, entre os diferentes níveis de poda, registou o máximo de açúcares totais e de rácio açúcar-ácido em ambas as épocas.

* É possível obter maior rendimento e cachos de qualidade no tratamento de poda T4 . Este tratamento manteve um vigor consistente também na época seguinte.

* O tratamento T4 , *ou seja*, a poda de 50% das canas para o crescimento vegetativo e de 50% das canas para o rendimento da cultura em ambas as épocas, revelou-se globalmente melhor, tendo em conta o desempenho em ambas as épocas e o rendimento acumulado da vinha por ano foi de (38,20 kg/vinha)

GRÁFICOS
Fig. 1 Efeito dos tratamentos de poda no peso do material podado (kg/vinha)

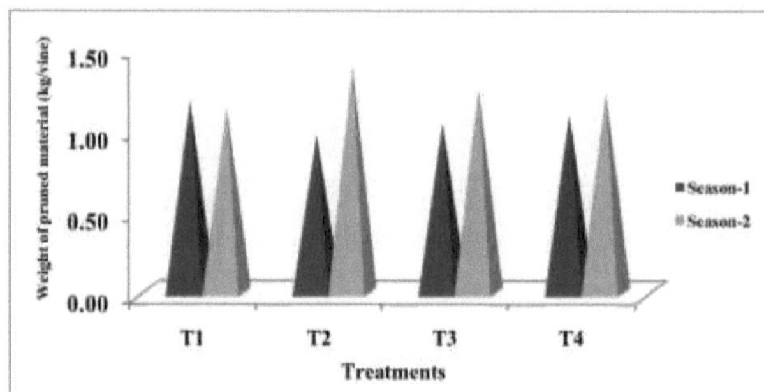

Fig. 2 Efeito dos tratamentos de poda no número de dias para a germinação dos gomos

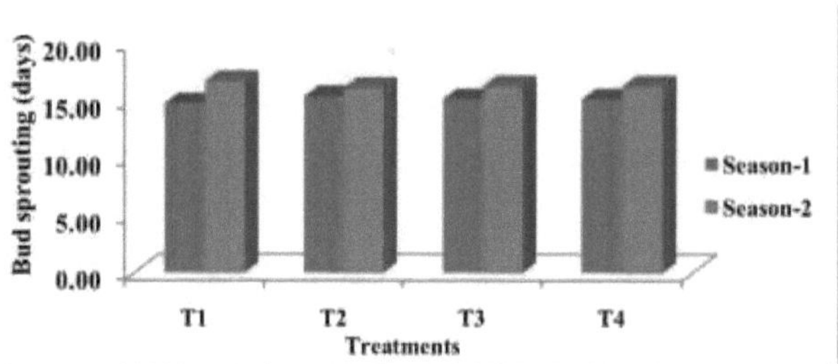

Fig. 3 Efeito dos tratamentos de poda no número de dias para a floração a partir da poda

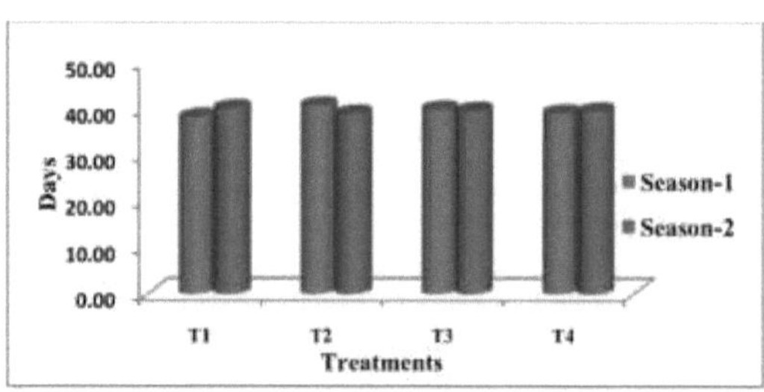

Fig. 4 Efeito dos tratamentos de poda na duração da floração até à última colheita

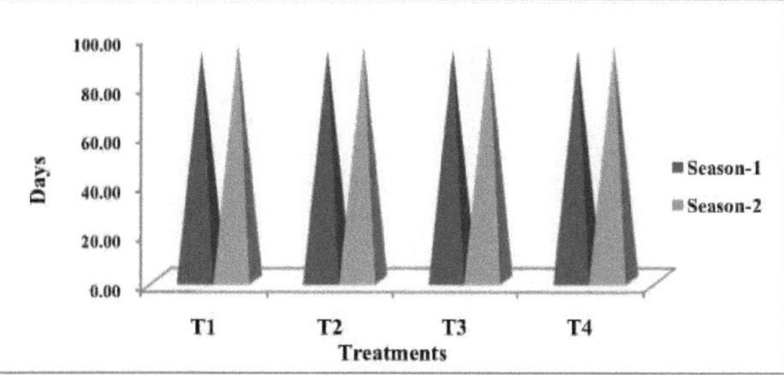

Fig. 5 <u>Efeito dos tratamentos de poda na área foliar total por rebento (cm)^2</u>

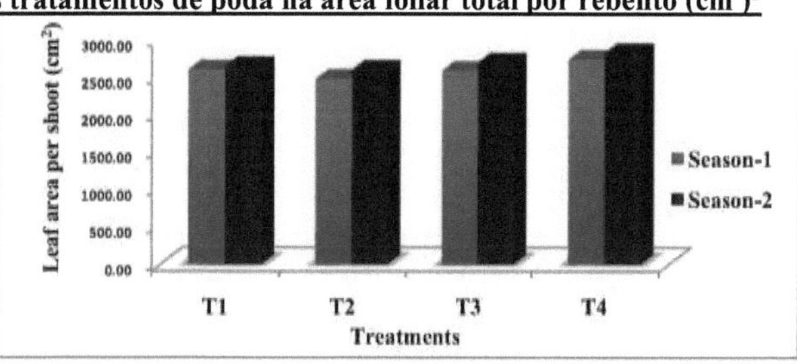

Fig. 6 Efeito dos tratamentos de poda no comprimento dos rebentos (cm) nas fases de 5th 10th e 15th folhas

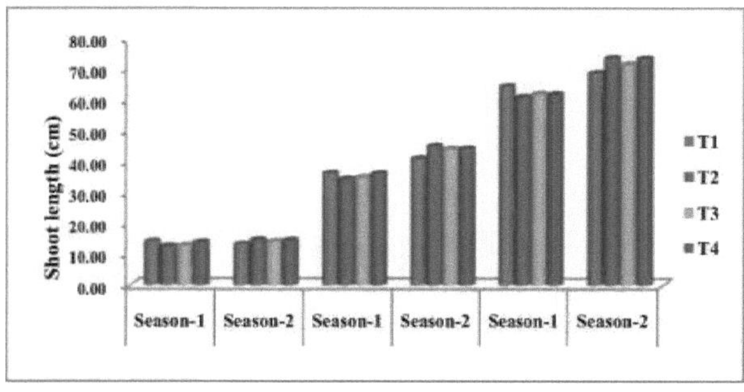

Fig. 7 Efeito dos tratamentos de poda no comprimento internodal (cm) entre 4th e 5th posição nodal

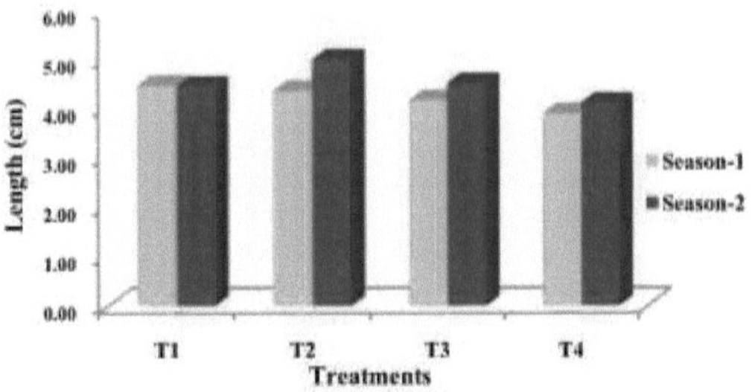

Fig. 8 Efeito dos tratamentos de poda no diâmetro da cana (mm)

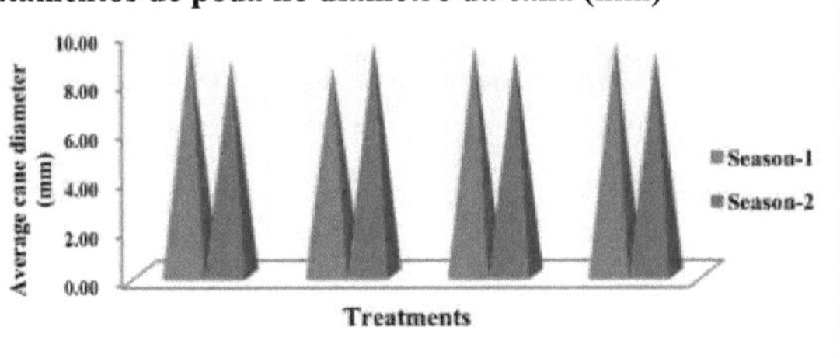

Fig. 9 Efeito dos tratamentos de poda nos teores de azoto no pecíolo, fósforo no pecíolo e potássio no pecíolo (%)

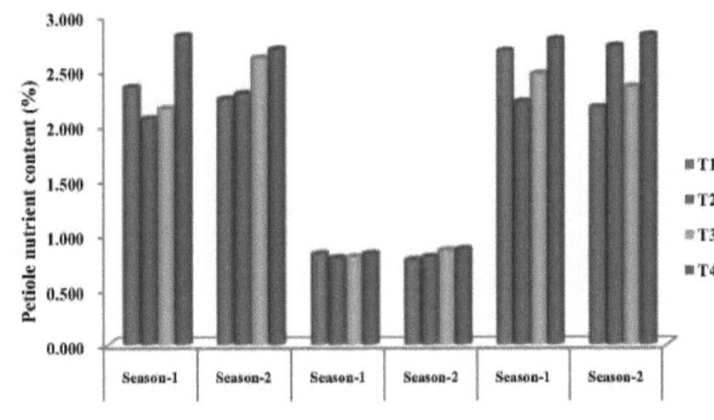

Fig. 10 Efeito dos tratamentos de poda no teor de clorofila total (mg/g)

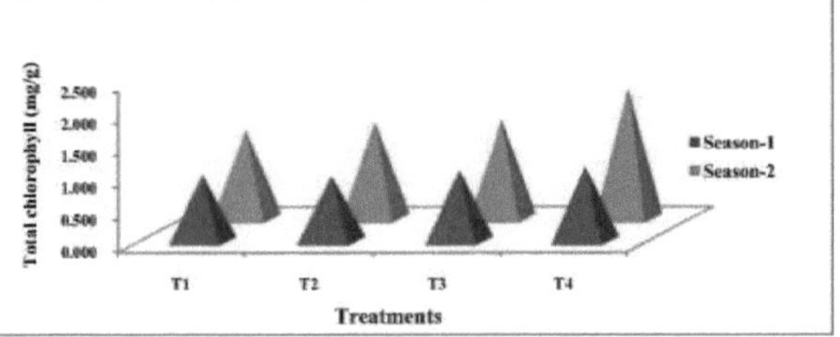

Fig. 11 Efeito dos tratamentos de poda no teor de hidratos de carbono totais das canas

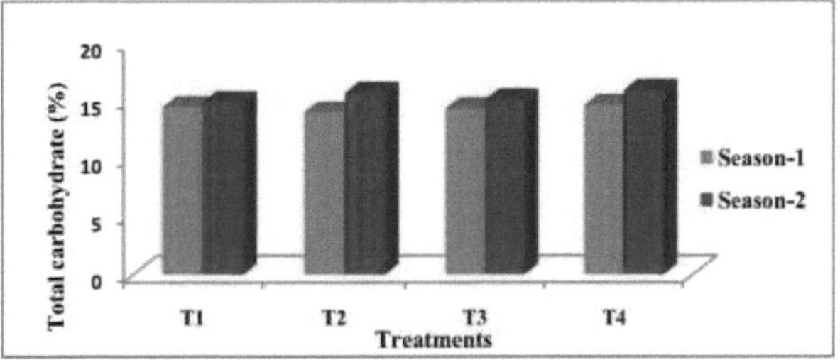

Fig. 12 <u>Efeito dos tratamentos de poda no número total de cachos/vinha</u>

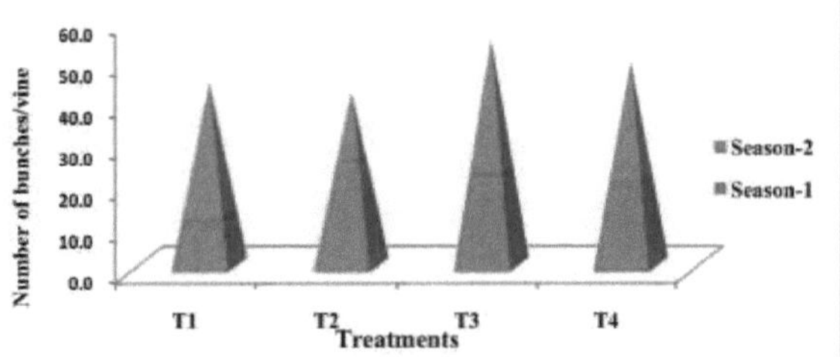

Fig. 13 <u>Efeito dos tratamentos de poda no número de bagos por cacho</u>

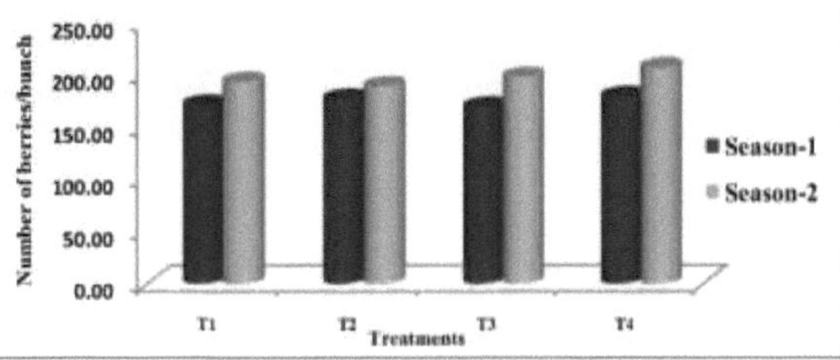

Fig. 14 Efeito dos tratamentos de poda no comprimento do cacho (cm)

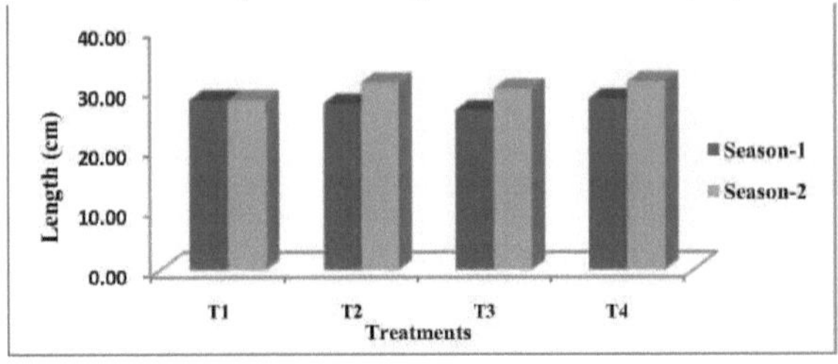

Fig. 15 Efeito dos tratamentos de poda no peso do cacho (g/vinha)

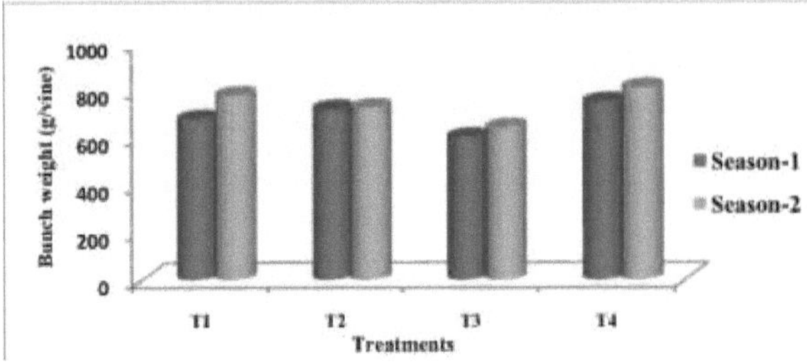

Fig. 16 Efeito dos tratamentos de poda no rendimento por videira e no rendimento acumulado (kg/vinha)

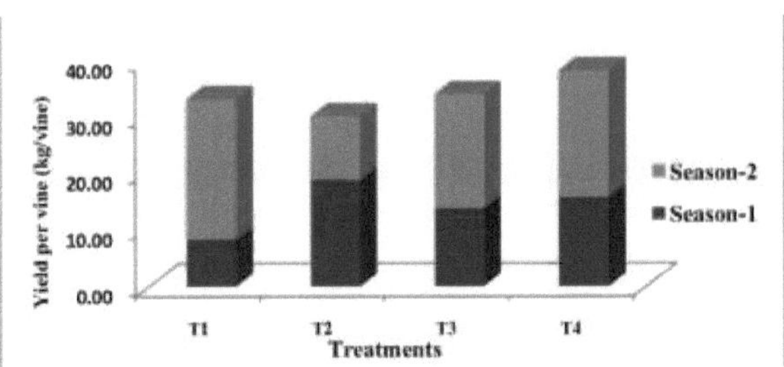

Fig. 17 Efeito dos tratamentos de poda no peso dos bagos (g)

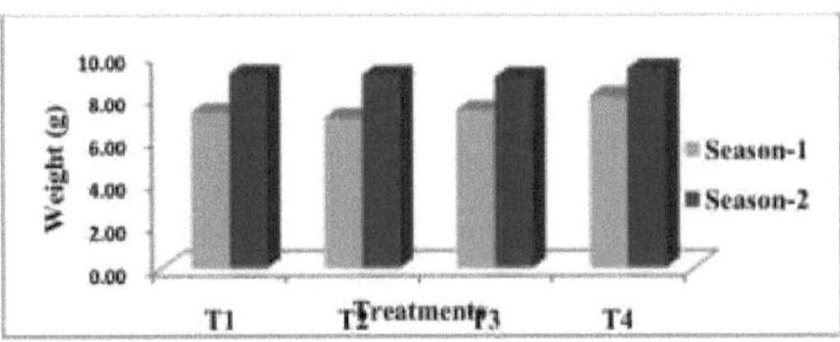

<u>**Fig. 18 Efeito dos tratamentos de poda no diâmetro dos bagos (mm)**</u>

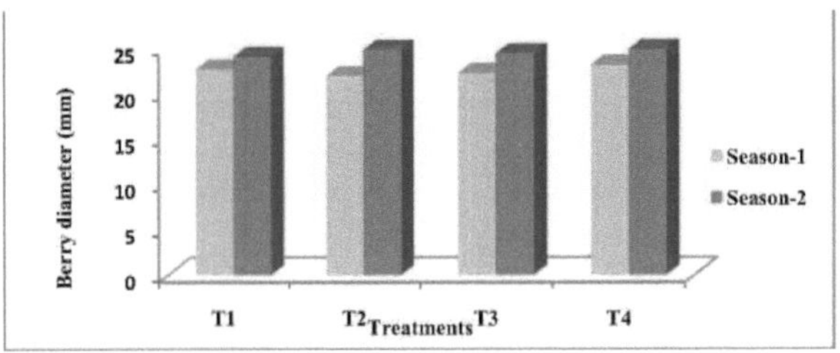

<u>Fig. 19 Efeito dos tratamentos de poda nos sólidos solúveis totais (^{0} Brix)</u>

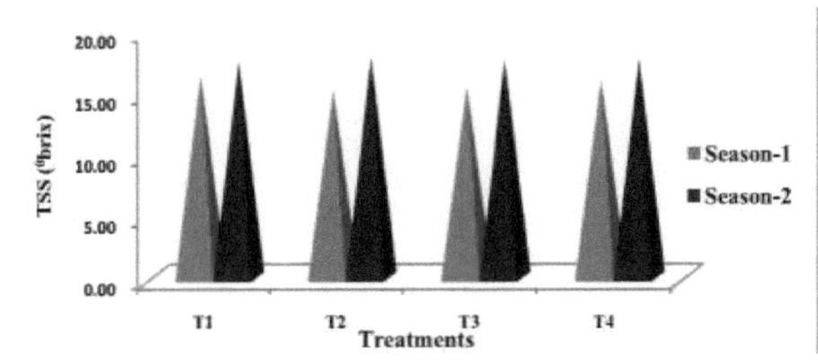

Fig. 20 Efeito dos tratamentos de poda nos açúcares totais (%)

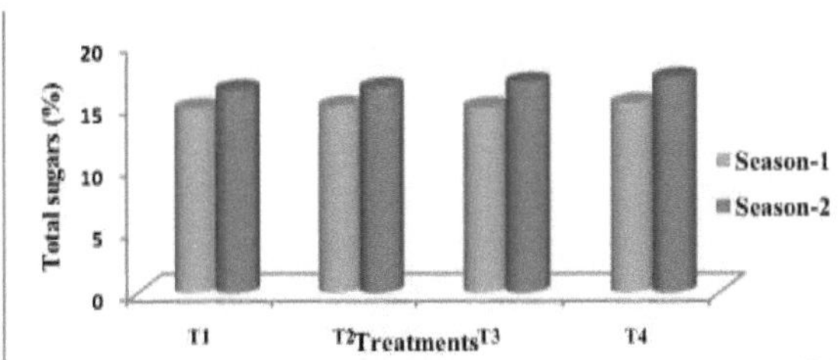

Fig. 21 Efeito dos tratamentos de poda na relação açúcar/ácido

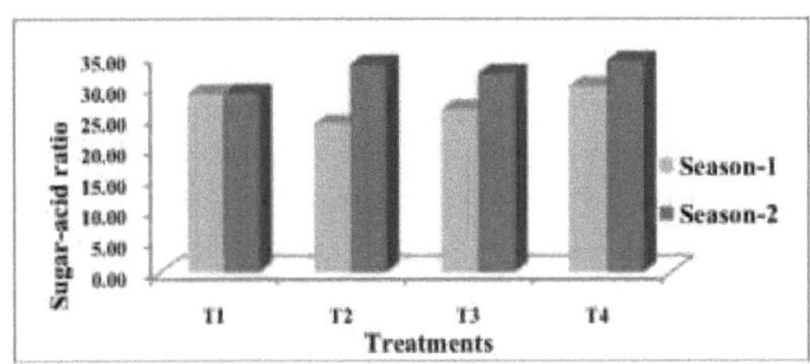

7. REFERÊNCIAS

Abramov, Y.S. 1973. O efeito do comprimento do rebento na qualidade da uva e do vinho. *Sadovodstovo., 1*: 28-29.

Ahlawat, V.P. e R. Yamdagni. 1991. Nota sobre as variações sazonais dos teores de nutrientes das uvas cv. Perlette. **In:** Scientific Horticulture (Ed. S.P. Singh) Scientific Publishers, Jodhpur, 1: 33-36.

Ahmad, M.F. 2008. Influência da severidade da poda no rendimento e na qualidade da uva Himrod nas condições de Caxemira. *Ind. J. Hort.*, 65(1): 16-19.

Anónimo. 2006. Relatório anual 2005-06, Centro Nacional de Investigação das Uvas, Pune. 19-20.

Anónimo. 2007. Relatório anual 2006-07, Centro Nacional de Investigação das Uvas, Pune. 14.

Arora, C.L., M.S. Brar, J.S. Brar e B.D. Kansal. 1991. Nutrient status of grape orchards in Punjab. *Ind. J. Hort.*, 48(3): 201-206.

Avenant, J.H. 1998. O efeito dos níveis de poda no desempenho do Festival Seedless. *Deciduous Fruit Grower,* 48(5): 7-13.

Balakrishnan, R. e V.N. M. Rao. 1963. Efeito da severidade da poda no crescimento, floração, rendimento e qualidade das uvas. *South Ind. Hort.,* 11 (3-4): 1-11.

Bates, T. 2008. O nível de poda afecta o crescimento e o rendimento da New York Concord em dois sistemas de formação. *Am. J. Enol. Vitic.,* 59(3): 276-286.

Bernstein, Z. e S. Klein. 1957. Starch and sugar in canes of summer-pruned *Vitis vinifera* plants. *J. Exp. Bot.*, 8(22): 87-95.

Biblina L.I. 1968. Caraterísticas da nutrição da videira e alguns problemas de diagnóstico. *Agrohimija,* 11: 138-141.

Bindra, A.S. 1977. Efeito da poda severa de braços vigorosos no padrão de crescimento das videiras. *J. Res. Punjab Agric. Univ. Ludhiana* 14: 427-430.

Bouard, J. 1968. Influência da adubação em algumas caraterísticas morfológicas e bioquímicas de canas de *Vitis vinifera* L. Variedade Ugni Blanc. *Potash Rev.* 29(5): 10.

Brar, S.S., A.S. Bindra, S. Singh e S.S. Cheema. 1986. Uma nota sobre o efeito da carga de cultura no rendimento e na qualidade das uvas (*Vitis vinifera* L.) cv. Perlette se manifestou em escala comercial. *Haryana J. Hort. Sci.,* 15(1-2): 48-50.

Buttrose, M.S. 1966. O efeito da redução da área foliar no crescimento das raízes, caules e bagos da videira Gordo. *Vitis.,* 5: 455-464.

Cangi, R e D. Kilic. 2011. Efeito dos níveis de carga dos gomos e das doses de azoto no rendimento e nas propriedades físicas e químicas das folhas de uva em salmoura. *Afr. J. Biotechnol.,* 10(57): 12195-12201.

Celik, H., Y.S. Agaoglu, Y. Fidan, B. Marasali e C. Soylemezoglu, 1998. General viticulture, Professional Books series, *Ankara*, 1: 1-253.

Chadha, K.L. 1984. Prioridades na investigação da uva e abordagem sugerida para o futuro. Uma palestra especial proferida no Workshop do Projeto de Melhoramento Co-Ordenado de Frutas de toda a Índia, realizado no Ind. Inst. of Sugarcane Res. Lucknow, 31 de agosto de 1984.

Chadha, K.L. e A.S. Mand. 1969. Efeito da época e da severidade da poda na maturidade, rendimento e qualidade da uva Anab-e-Shahi. *J. Res. Punjab. Agric. Univ.,* 6: 808-820.

Chadha, K.L. e H. Kumar. 1970. Effect of pruning with constant number of total buds, number and lengths of canes varied on growth, yield, fruit quality and bearing behavior of 'Perlette' grapes. *Ind. J. Hort.,* 27: 123-127.

Chadha, K.L. e S.D. Shikhamany. 1999. **In**: O melhoramento da uva, produção e gestão pós-colheita.

Pub: Malhotra publishing house, New Delhi. pp : 340345.

Chadha, K.L., J.P. Nauriyal e H. Kumar. 1969. Estudos sobre a poda de uvas Perlette. *Ind. J. Hort.*, 26: 15-20.

Chalak, S.U. 2008. Efeito de diferentes níveis de poda em várias variedades de uva de vinho para rendimento e qualidade. *Tese de Mestrado* apresentada ao MPKV, Rahuri.

Chougule, R.A. 2004. Estudos sobre a poda de sub-cana e a aplicação de ciclocil em relação à gestão da copa em uvas. *Dissertação de Mestrado* apresentada ao MPKV, Rahuri.

Christensen, L. P. 1986. Caraterísticas de frutificação e rendimento de canas primárias e laterais de uvas Thompson Seedless. *Am. J. Enol. Vitic.*, 37(1): 39-43.

Christensen, L.P., A.N. Kasimatis e F.L. Jensen. 1978. Nutrição e fertização da videira no Vale de San Joaquin. Publicação da Div. Div. Sci. Publication, 4087.

Christensen, L.P., G.M. Leavitt, D.J. Hirschfelt e M.L. Bianchi. 1994. O efeito do nível de poda e do ajuste da cana após a brotação na produção e qualidade da uva passa sem sementes Thompson. *Am. J. Enol. Vitic.*, 45(2): 141-149.

Clingeleffer, A.R. 1989. Effect of varying node number per bearey on yield and juice composition of Cabernet Sauvignon grape vines. *Aust. J. Exp. Agri.*, 29: 701-705.

Clingeleffer, P.R. e L.R. Karke. 1992. Respostas das videiras Cabernet Franc à poda mínima e à infeção por vírus. *Am. J. Enol. Vitic.*, 43(1): 31-37.

Daniel, S.S. e V.N.M. Rao. 1969. Efeito da severidade da poda na formação dos gomos dos frutos, nos caracteres do cacho e dos bagos da uva Anab-e-Shahi (*Vitis vinifera* L.). *Madras Agric. J.*, 56: 381-386.

Dass, H.C. e K.R. Melanta. 1972. Efeito do comprimento das canas de frutificação e do total de gomos nas videiras na produtividade da uva Anab-e-Shahi. *Ind. J. Hort.*, 29(1): 30-35

Dhillon, W.S., A.S. Bindra, S.S. Cheema e S. Singh. 1998. Influência do desbaste dos bagos e do desbaste dos cachos no rendimento e na qualidade das uvas Perlette. *Punjab Hort. J.*, 28: 198-202.

Edson, C.E., G.S. Howell e J.A. Flore. 1993. Influência da carga vegetal na fotossíntese e na partição da matéria seca das videiras Seyval. *Am. J. Enol. Vitic.*, 44(22): 139147.

Eynard, I. e G. Gay. 1992. Rendimento e qualidade. In: Proc. 8th Conferência Técnica e Industrial Australiana. Melbourne, Austrália, 54-63.

Fawzi, M.I.F., M.F.M. Shahin e E.A. Kandil, 2010. Efeito da carga de gemas no comportamento das gemas, na produção, nas caraterísticas dos cachos e em alguns conteúdos bioquímicos da cana de videiras Crimson Seedless. *J. Am. Sci.*, 6: 187-194.

Fitzgerald, J. e W.K. Patterson. 1994. Resposta das uvas de mesa Reliance à gestão da copa e à aplicação de ethephon. *J. Am. Soc. Hort. Sci.*, 199(5): 893-898.

Ghugare, J.B. e S.K. Mukherjee. 1967. II A relação entre o diâmetro da cana e o comportamento da frutificação em 'Pusa Seedless'. *Ind. J. Hort.*, 25(10): 163-169.

Gicheol, S. e K.K. Chool. 1999. Efeito da poda e do desbaste no crescimento, na nutrição e na fixação dos bagos de *Vitis labrusca* B. cv. Kyoho. *J. Korean Soc. Hort. Sci.*, 40(2): 221-224.

Godara, N.R., O.P. Guptha e J.P. Singh. 1977. Avaliação de vários níveis de poda na cultivar Perlette de uvas (*Vitis vinifera* L.). **In:** Viticulture in tropics (Eds: K.L. Chadha, G.S. Randhawa e R.N. Pal.). Pub: Horticultural Society of India, Bangalore. 204-211.

Havinal, M.H. 2007. Seleção de variedades de uva de vinho para parâmetros de crescimento, rendimento e qualidade do fruto. *Tese de Mestrado* apresentada ao MPKV, Rahuri.

Hulamani, N.C., H.V. Pattanachetti e S.D. Kololgi. 1967. Estudos sobre a espessura do esporão em relação ao rendimento e à qualidade das uvas Bhokri. *Mysore J. Agric. Sci.*, 1: 209-214.

Humphries, E.C. 1956. *Método moderno de análise de plantas,* 1: 468-502.

Ibrahim, H.A., A.S. Waadallah, e S.S. Jaifer. 1996. Efeito do comprimento e do diâmetro das canas no rendimento e nas propriedades físicas, mecânicas e químicas das uvas. *Mysore J. Agric. Sci.,* 30 (1): 69-75.

Jackson, D.I., G.F. Steans e P.C. Hemmings. 1984. Resposta da videira ao aumento do número de nós. *Am. J. Enol. Vitic.,* 35(3): 161-163.

Jackson, M.L. 1973. Soil chemical analysis. Constable and Co. Ltd., Londres, 123.

Jeet Ram, D. Singh, P.K. Jain e V.P. Ahlawat. 1993. Crescimento e composição nutricional das uvas Perlette (*Vitis vinifera* L.) afectados pelos níveis de azoto e pelas intensidades de poda. *Haryana J. Hort. Sci.,* 22(4): 280-284.

Joon, M.S. e I.S. Singh. 1983. Efeito da intensidade da poda na maturação, rendimento e qualidade das uvas Delight. *Haryana J. Hort. Sci.,* 12(1-2): 44-47.

Kadu, S. 2004. Avaliação de várias variedades de uvas para a produção de vinho. *Tese de Mestrado* MPKV, Rahuri (M.S.) Índia.

Karibasappa, G.S. e P.G. Adsule. 2008. Avaliação de genótipos de uvas para vinho pelo Centro Nacional de Investigação de Uvas na sua exploração agrícola em Pune, Maharashtra (Índia). *Ata Hort.,* 785: 497-504.

Kilby, M.W. 1999. Os métodos de poda afectam o rendimento e a qualidade dos frutos das videiras 'Merlot' e 'Sauvignon Blanc'. http://ag.arizona.edu/pubs/crops/az1051/az105118.html

Koblet, W., M.C. Vascocelos, W. Zweifel e G.S. Howell. 1994. Influência da remoção das folhas, do porta-enxerto e do sistema de condução no rendimento e na composição do fruto das uvas Pinot Noir. *Am. J. Enol. Vitic.,* 45(2): 181-186.

Kohale, V.S., S.S. Kulkarni, S.A. Ranpise e B.V. Garad. 2013. Efeito da poda na frutificação das uvas Sharad Seedless. *Bioinfolet,* 10(1B): 300-302.

Kumar, H. e N.S. Tomer. 1978. Estudos de poda na cultivar de uva Himrod. *Haryana J. Hort. Sci.,* 7 (1-2): 18-20.

Kumar, R.K. 1999. Estudos sazonais comparativos sobre a dinâmica de crescimento das uvas Bangalore Blue. *Tese de Mestrado* apresentada à UAS, Bangalore.

Lawande, K.E. 1973. Estudos sobre o efeito da poda de cana com número variável de gomos em comparação com a poda de esporão em Thompson Seedless (*Vitis vinifera* L.). *Tese de Mestrado* apresentada ao MPKV, Rahuri.

Lomkatsi, S. 1971. O tamanho do cacho de uva em relação ao rejuvenescimento do rebento e ao número de cachos no rebento. *Trudy-Institua-sadovodstava-increased-vinodeliya- Gruzinskaya-SSR,* 19-20: 210-219.

Lopes, C., J. Melicias, A. Aleixo e O. Laureano, R. Castro. 2000. Efeito da poda mecânica de sebe no crescimento, rendimento e qualidade da videira Cabernet Sauvignon. *Ata Hort.,* 526: 261-268.

Main, G.L. e J.R. Morris. 2008. Impacto dos métodos de poda nos componentes do rendimento, na composição do sumo e do vinho de uvas Cynthiana. *Am. J. Enol. Vitic.,* 59(2): 179-187.

Mc Artney, S. J. e D. C. Ferree. 1999. Investigação da relação entre o vigor da videira e o conjunto de bagos das uvas Seyval Blanc cultivadas no campo. Res. Circular-Ohio- Agric. Res. and Dev. Centre, 299: 114-120.

Miller, D.P. e G.S. Howell. 1998. Influência da capacidade da videira e da carga da cultura no desenvolvimento da copa, na morfologia e na repartição da matéria seca em videiras Concord. *Am. J. Enol. Vitic.,* 49(2): 183-190.

Mohanakumaran, N., S. Krishnamurthi e V.N.M. Rao. 1964. Influência da área foliar no rendimento e na qualidade de algumas variedades de uvas. *South Ind. Hort.*, 12(2): 29-49.

Mohanakumaran, N. 1963. Influência da área foliar e da idade da madeira no rendimento e na qualidade de algumas variedades de uvas, *M.Sc., Tese* apresentada à TNAU, Coimbatore.

Morris, J.R., C.A. Sims e D.L. Cawthon. 1985. Rendimento e qualidade das uvas 'Niagara' afectados pela severidade da poda, nós por unidade de produção, sistema de formação e posicionamento dos rebentos. *J. Am. Soc. Hort. Sci.*, 110(2): 186-191.

Morris, J.R., J.E. Bourawe e J.L. Oakes. 1984. Influência do sistema de condução, da severidade da poda e do comprimento do esporão no rendimento e na qualidade de seis cultivares de uvas híbridas franco-americanas. *Am. J. Enol. Vitic.*, 35(1): 23-27.

NHB, 2012. Área, produção e produtividade de banana. 2012. http://www.nhb.gov.in.

Olmo, H.P. 1970. Cultura da Uva. PNUD/FAO Bull. No. TA 2825, 99.

Palma, L., V. Novello e L. Tarricone. 2000. Gomos cegos, fecundidade e equilíbrio entre o crescimento vegetativo e reprodutivo da uva cv. Victoria em relação com a carga de gomos e o sistema de poda durante o estabelecimento da copa da videira. *Rivista di frutticoltura e di orthofloricoltura,* 62(3): 69-74.

Panse, V.G. e P.V. Sukhatme. 1985. Statistical Methods for Agricultural Workers, ICAR. Pub. New Delhi, 115-130.

Pavlov, A. 1998. Poda da cultivar de uva Naslada. *Rastenier dni Nauki*, 35 (6): 468-470.

Rangareddy, B. 1996. Estudos preliminares sobre a relação entre a espessura dos rebentos e a capacidade de produção da uva Anab-e-Shahi. *Andhra Agric. J.*, 13(5): 174-177.

Ranpise, S.A., B.T. Patil, T.A. More, R.M. Birade e T.K. Ghure. 2002. A poda de sub-cana na frutificação e no rendimento da uva cv. Thompson Seedless. *J. Mah. Agric. Univ.* 27(3): 258-259.

Rao, V.N.M. 1969. Problemas de formação e poda de uvas no estado de Tamil Nadu. Trabalho apresentado no seminário sobre avanços na investigação de frutas, Punjab Agric. Univ., Ludhiana, Índia. Pp : 10-12.

Reddy, N.N. e G.S. Prakash. 1990. Efeito do porta-enxerto na frutificação dos gomos das uvas Anab-e- Shahi. *J. Mah. Agric. Univ.*, 15: 218-220.

Reddy, N.E. 1982. Efeito da severidade da poda e da espessura da cana no crescimento, rendimento e qualidade da variedade de uva Anab-e-Shahi. *Ind. J. Hort.*, 39: 29-35.

Reynolds, A.G., C.G. Edwars, D.A. Wordle, D.R. Webster e M. Dever. 1994. A densidade de rebentos afecta as videiras Riesling. I. Desempenho da videira. *J. Am. Soc. Hort. Sci.*, 119: 874-880.

Reynolds, A.G., R.M. Pool e L.R. Mattick. 1986. Efeito da densidade de rebentos e do controlo das culturas no crescimento, rendimento, composição dos frutos e qualidade do vinho da uva Seyval Blanc. *J. Am. Soc. Hort. Sci.*, 111(1): 55-63.

Salem, A.T., A.S. Kilani e G.S. Shaker. 1997. Crescimento e qualidade de duas cultivares de uvas afectados pela severidade da poda. *Ata Hort.*, 441: 309-316.

Satisha, J., S.D. Ramteke e S.D. Shikhamany. 2000. Efeito do stress hídrico e do número de folhas no crescimento dos bagos e na qualidade das uvas Tas-A-Ganesh enxertadas em porta-enxertos Dogridge. *Ind. J. Hort.*, 57(1): 9-12.

Savic, S. e N. Petranovic. 2004. Impacto da poda e da carga na qualidade da uva 'Grenache' e do vinho no distrito vitícola de Pedgorica. *Ata. Hort.*, 652: 217-221.

Schalkwyk, D.V. e E. Archer. 2008. O efeito de métodos de poda alternativos no desempenho enológico vitícola do Cabernet Sauvignon na zona de Stellenbosch. Wynbore, um guia técnico para produtores de vinho.

Sehrawat. S.K., B.S. Daulta, D.S. Dahiya e R. Bharadwaj. 1998. Effect of pruning on growth, yield and fruit quality in grapes (*Vitis vinifera* L.) cv. Thompson Seedless. *Intern. J. Trop. Agric.*, 16(1-4): 185-188.

Sharma, S.S., O.P. Gupta e B.S. Chundawat. 1977. Crescimento, rendimento e teor de nutrientes da cultivar Perlette (*Vitis vinifera* L.) de uvas afectados por diferentes níveis de poda. *Haryana. Agric. Univ. J. Res.*, 7: 211-213.

Shikhamany, S.D. 1983. Efeito do tempo e de diferentes doses de azoto e potássio no crescimento, rendimento e qualidade da Thompson Seedless (*Vitis vinifera* L.) *Ph.D., Tese* UAS, Bangalore, Karnataka.

Shinde, N.N. e D.A. Rane.1979. Influência da severidade e da época da poda no crescimento, produção e qualidade das uvas Bangalore Purple. *Prog. Hort.*, 11: 5-12.

Sims, C.A., R.P. Johnson e R.P. Bates. 1990. Effect of mechanical pruning on the yield and quality of Muscadine grapes (Efeito da poda mecânica no rendimento e na qualidade das uvas Muscadine). *Am. J. Enol. Vitic.*, 41(4): 273-276.

Singh, I.S., H.K. Singh e K.S. Chauhan. 1983. Efeito do número variável de esporões no crescimento, rendimento e qualidade das uvas Beauty Seedless. *Ind. J. Hort.*, 40: 178-182.

Singh, I.J. e H. Kumar. 1980. Rendimento e qualidade dos frutos da uva Anab-e-Shahi influenciados pela severidade da poda. *Haryana. J. Hort. Sci.*, 9: 110-117.

Singhrot, R.S., J.P. Singh e O.P. Gupta. 1977. Efeito dos níveis de poda na produtividade da cultivar de uva Thompson Seedless (*Vitis vinifera* L.). *Haryana J. Hort. Sci.*, 6(1-2): 37-40.

Slavtcheva, T., S. Poni, F. Iacono e Intrieri. 1997. Efeito das práticas culturais na área foliar, taxa fotossintética e rendimento da uva. *Ata Hort.*, 427: 209-213.

Smith, R.J. 1996. Desempenho vitícola de 11 clones de Chardonnay na região de Sonoma. **In:** Resumos técnicos, 47th Reunião Anual da Sociedade Americana de Enologia e Viticultura. Reno Hilton, Remo Nevada, 26-28 de junho: 91.

Singh, I.S., H.K. Singh e K.S. Chauhan. 1983. Efeito do número variável de esporões no crescimento, rendimento e qualidade das uvas Beauty Seedless. *Ind. J. Hort.*, 40: 178-182.

Somkuwar, R.G. e S.D. Ramteke. 2008. Efeito da orientação do rebento no crescimento, alterações bioquímicas e frutificação em uvas Thompson Seedless (*Vitis vinifera* L.). *J. Plant Sci.*, 3 (2): 182-187.

Somkuwar, R.G. e S.D. Ramteke. 2007. Efeito da retenção do cacho, qualidade e rendimento em Sharad Seedless. Relatório anual, 2006-07, Centro Nacional de Investigação de Uvas, Pune. 20.

Somkuwar, R.G. e S.D. Ramteke. 2006. Rendimento e qualidade em relação a diferentes cargas de cultura em grepas de mesa Tas-A-Ganesh (*Vitis vinifera* L.) *J. Plant Sci.*, 1(2): 176-181.

Sommer, K.J., P.R. Clingeleffer e Y. Shulman. 1995. Estudo comparativo da morfologia da videira, crescimento e desenvolvimento da copa em Sultana podada com cana e poda mínima. *Aust. J. Expt. Agric.*, 25 (2): 265-273.

Somogyi, N. 1952. Notas sobre a determinação do açúcar. *J. Biol. Chem.*, 200: 145-154.

Thatai, S.K., G.S. Chohan e H. Kumar. 1987. Efeito da intensidade da poda no rendimento e na qualidade dos frutos em uvas Perlette cultivadas em sistema de cabeça. *Ind. J. Hort.*, 44(1): 66-71.

Tomer, N.S. 1994. Potencial de frutificação e qualidade da uva 'Cardinal' (*Vitis vinifera* L.) com poda diferencial no sistema de formação de cabeça. *Haryana J. Hort. Sci.*, 23(3): 203-208.

Velu, V. 2001. Estudos sobre a carga de gomos e certas práticas de desbaste no vigor, rendimento e qualidade das uvas (*Vitis vinifera* L.) cv. Muscat. *Tese de Mestrado* apresentada à TNAU, Coimbatore.

Weaver, R.J. 1976. Grape growing. Publicação Wiley-Interscience, Nova Iorque.

Winkler, A.J., J.A. Cook, W.M. Kliewer e L.A. Lider. 1974. Viticultura geral. Univ. of Calif. Press, Berkeley. 633.

Winkler, A.J. 1962. Viticultura Geral. Univ. Calif. Press, Berkeley e Los Angeles. pp: 240-245.

Xuan, Q. Nan, L.H. Chen, X.N. Qin e L.H. Chen. 1996. Um estudo dos teores de NPK na lâmina e no pecíolo da uva e sua variação sazonal. *J. South west Agric. Univ.* 18(1): 65-67.

Yoshida, S., D.A. Forno e J.H. Cok. 1971. Manual de laboratório para estudos fisiológicos do arroz. IRRI, Filipinas. 36-37.

Zamboni, M., L. Bavaresco, R. Komjanc, S. Poni, F. Iacono e C. Intrierf. 1997. Influência do número de gomos no crescimento, rendimento e qualidade do vinho das uvas Pinot Noir e Sauvignon. *Ata Hort.*, 427: 411-417.

9. PLACAS

Plate 1. Field view

Plate 2. Crop bearing view

Plate 3. Pruned grape vines

A) Pruning at two bud level

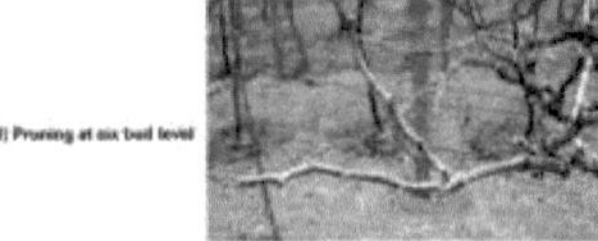

B) Pruning at six bud level

Plate 4. Stage wise grape bunch development after pruning

A) Pruned canes

B) Bud sprouting

C) Inflorescence stage

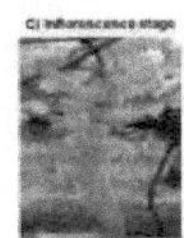

D) Pea size berry stage

E) Veraison stage

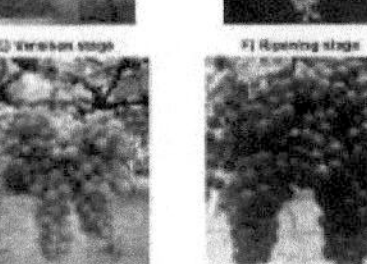

F) Ripening stage

Plate 7. Transportation of harvested bunches in crates

Plate 8. Longitudinal section of berry

Plate 9. TSS measurement

Plate 5. Comparison of treatments during rainy season crop

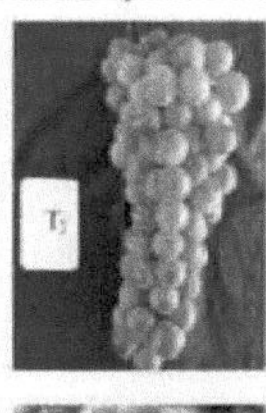

Plate 6. Comparison of treatments during summer season crop

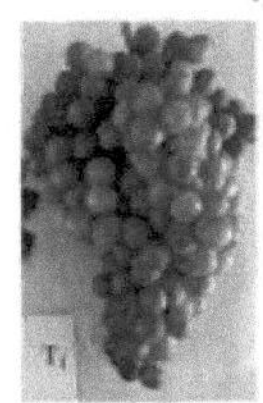

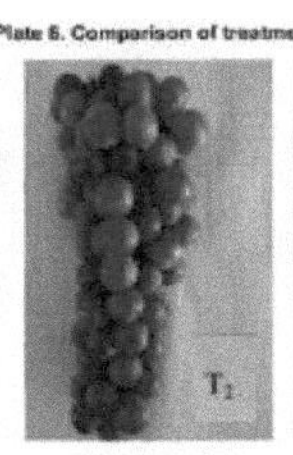

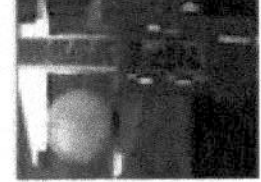

10. Resultados da investigação

Foi realizada uma experiência de campo durante 2012-2013 em duas estações, nomeadamente chuvosa e de verão, para estudar o efeito de quatro níveis de poda diferentes no crescimento, rendimento e qualidade das uvas cv. Red Globe. Os tratamentos de poda são: T1- Poda de todas as canas ao nível de 2 gomos para o crescimento vegetativo na estação das chuvas e ao nível de 5-6 gomos para a colheita de verão, T2- Poda de todas as canas ao nível de 5-6 gomos para a colheita da estação das chuvas e ao nível de 2 gomos para o crescimento vegetativo na estação de verão, T3- Poda de 33% das canas para o crescimento vegetativo e de 67% das canas para o rendimento da colheita, T4- Poda de 50% das canas para o crescimento vegetativo e de 50% das canas para o rendimento da colheita em ambas as estações.

Os resultados revelaram que as videiras podadas ao nível do tratamento T1 durante a estação das chuvas e ao nível do tratamento T2 durante a estação do verão registaram um menor número de dias para o aparecimento de rebentos, floração e floração até à última colheita, bem como o peso máximo do material podado. Os valores máximos para a área foliar total por rebento, comprimento internodal entre 4 -5^{thth} e 5 -6^{thth} posições nodais e diâmetro da cana foram registados no nível de poda T4 em ambas as estações chuvosa e de verão. Entre as duas estações diferentes, a safra de verão apresentou melhores valores em comparação com a safra da estação chuvosa.

Quando se considerou o estado nutricional, os teores mais elevados de N, P e K no pecíolo foram registados nas videiras podadas ao nível da poda T4, tanto na estação das chuvas como no verão. Os teores de clorofila total e de hidratos de carbono totais foram mais elevados no nível T4, tanto na estação das chuvas como no verão. Entre as duas estações, a colheita de verão registou valores mais elevados do que a colheita da estação das chuvas.

O número máximo de cachos por videira na estação das chuvas foi observado no T2 (26,20) e na estação do verão foi no T1 (32,00), enquanto que o comprimento máximo do cacho e o peso médio do cacho (749,92 g na estação das chuvas e 809,81 g na estação do verão) foram registados no tratamento T4. Durante a estação das chuvas, foi o tratamento T2 (18,85 kg/vinha) e na estação do verão foi o tratamento T1 que registou o rendimento máximo por videira (24,86 kg/vinha). No entanto, o rendimento acumulado máximo por videira foi registado no tratamento T4 (38,20 kg/vinha).

As caraterísticas dos bagos, *nomeadamente* o número de bagos por cacho, o peso dos bagos, o diâmetro dos bagos e o volume dos bagos foram significativamente superiores no tratamento T4 em comparação com os outros tratamentos, tanto na estação das chuvas como no verão. As vinhas podadas ao nível da poda T1 durante a estação das chuvas e ao nível da poda T2 durante a estação do verão registaram um elevado teor de sólidos solúveis totais, uma relação SST: acidez e uma baixa acidez titulável, enquanto que o tratamento T4 registou o máximo de açúcares redutores, açúcares totais e relação açúcar-ácido, tanto na estação das chuvas como na estação do verão, Em termos gerais, observou-se que o tratamento T4, ou seja, a poda de 50% das canas para o crescimento vegetativo e de 50% das canas para a produção da cultura em ambas as estações, foi considerado o melhor, tendo em conta o desempenho em ambas as estações com o maior rendimento anual acumulado da vinha.

Printed by Books on Demand GmbH, Norderstedt / Germany